意大利厨房的秘密

地中海美食

意大利百味来烹饪学院 著 孙萍 译

北京出版集团
北京美术摄影出版社

Original title:Mediterranean Cuisine

图书在版编目（CIP）数据

意大利厨房的秘密 ：地中海美食 / 意大利百味来烹饪学院著 ；孙萍译. — 北京 ：北京美术摄影出版社，2020.7
ISBN 978-7-5592-0348-9

Ⅰ. ①意… Ⅱ. ①意… ②孙… Ⅲ. ①食谱—意大利 Ⅳ. ①TS972.185.46

中国版本图书馆 CIP 数据核字（2020）第 092291 号

北京市版权局著作权合同登记号：01-2017-0852

责任编辑：耿苏萌

责任印制：彭军芳

意大利厨房的秘密
地中海美食
YIDALI CHUFANG DE MIMI

意大利百味来烹饪学院　著
孙萍　译

出　版　北　京　出　版　集　团
　　　　北京美术摄影出版社
地　址　北京北三环中路6号
邮　编　100120
网　址　www.bph.com.cn
总发行　北京出版集团
发　行　京版北美（北京）文化艺术传媒有限公司
经　销　新华书店
印　刷　北京汇瑞嘉合文化发展有限公司
版印次　2020年7月第1版第1次印刷
开　本　787毫米×1092毫米　1/8
印　张　37.5
字　数　137千字
书　号　ISBN 978-7-5592-0348-9
定　价　198.00元
如有印装质量问题，由本社负责调换
质量监督电话　010-58572393

目录

人类文化与地中海式美食

饮食与健康息息相关，20世纪50年代晚期的科学研究发现，意大利饮食习惯为人们提供了一种营养均衡的饮食模式。随着社会的“进化”，各种心血管疾病也屡见不鲜，而这种饮食模式能对此类疾病起到很好的预防作用。

因此，“地中海式美食”这个术语便诞生了。它不是指某些美食的荟萃，而是指所有发源于地中海附近的文化都会用到的基本原料（如橄榄、谷物、蔬菜、鱼和葡萄等），人们在烹饪方法上进行了各种尝试，做出了营养均衡、能促进环境可持续发展的食物。

拥有奥维迪斯面包房的巴里拉家族自16世纪开始就一直致力于面食制作的艺术。人们对地中海式美食中所不可或缺的小麦及用小麦做出的各种食物的热爱世代相传，巴里拉家族便是这众多热爱者中的一员。

彼得罗・巴里拉先生在1877年成立了他的第一家面包与面食馆，我们的公司也是从那时起成立的。他为面食制作实践（至今已有100多年的历史了）奠定了基础，这种面食制作实践注重品质，不加入添加剂和防腐剂，技术一流并专注健康。

公司继续坚持这些标准，遵守着将小麦视为地中海式美食中最重要的原料的古老传统。经过进一步的深入思考，也许将地中海式美食定义为“地中海式饮食文化”会更好一些，因为作为一种文化，它不该仅局限于食物本身，而应该延伸到各种社会习俗和生活方式之中。

事实上，经过历代人的努力，食品的进化已经超越了地中海各国的国界。数千年来被完好地保存下来的，处于完美的生态平衡之中的丘陵和平原如今仍需要宝贵的自然元素的装饰，而小麦、番茄、橄榄和葡萄藤便是这些自然元素的“缔造者”，但它们所承载的意义却远远超过了物质世界的界限，它们与宗教信仰及其相关仪式、宴会以及人们的身份和地域特征都紧密相连。

这提醒我们，在每一道美食的背后都有一段悠久的历史，人们征服自然，不断实践、创新并赋予食物以意义，这些做法常常超越了烹饪的界限而变得具有社会意义和文

化意义。关于食物的所有知识让我们了解到美食所具有的真正价值。

一个多世纪以来，每当人们看到巴里拉这个名字便会联想起小麦和面食。凭着艰苦的努力和坚定的决心，巴里拉公司促进了意大利烹饪文化整体价值的提升。我们认真地为《意大利厨房的秘密：地中海美食》这本书作序，因为这本书不只是烹饪方法的简单介绍，它还涉及食物的意义与传统。我们衷心地希望：正确的生活方式和健康的饮食能促进我们每个人的身体健康并促进社会的健康发展。

圭多、卢卡和保罗·巴里拉

巴里拉学院——以“驻世界大使”著称的意大利美食

在巴里拉学院，传统和创新交织在一起。作为独具一格的机构，学院旨在保护意大利美食文化，并将其推广到全世界。极其前卫、现代的巴里拉学院由国际知名建筑大师伦佐·皮亚诺设计，坐落于巴里拉中心的中央区域。

壮观的厨房礼堂被一个多感官实验室、用现代科技装配的教室（既适用于讲述法教学，也适用于实际应用）、一个内部餐厅和超大的美食图书馆所环绕。

美食图书馆里有10,000多本藏书及珍贵的、具有历史意义的菜谱和美食杂志。建立巴里拉学院是为了满足专业烹饪培训的需要。学院由高水平的专业人员任教，如国际知名的厨师和经过精挑细选的客座厨师等；提供课题和技巧方面的各种课程，如短期培训课程、专题讨论会和讲座等。巴里拉学院是意大利美食之旅的中心，拥有世界上最美味、最著名的传统美食：帕马森-雷加诺奶酪、帕尔玛火腿、意大利萨拉米腊肠、意大利库拉泰罗风干火腿和意大利面等。巴里拉学院主要致力于保护风靡于意大利的这些高品质的食品。巴里拉中心选择并分送各种符合最高质量标准的特色美食。这些由小型手工公司制作，由知名厨师和专家精挑细选的美食被分送到世界各地，完全不会受产地的局限。同时，巴里拉学院还组织各种面向公众的文化盛事，出版期刊，制作电视节目，以更好地传播与意大利美食相关的知识，这要特别感谢各位专家、厨师和美食评论家们的鼎力相助。巴里拉学院甚至还使人们通过互联网就能方便地查阅到美食图书馆中的所有资料：从期刊和收藏的菜单到数百个数字化的历史文本，这些都可以在线浏览，这样无论您在哪里，都可以看到美食这一文化遗产。巴里拉学院所取得的这些成就都深深地植根于巴里拉家族130多年来对食品的奉献，以及他们对这片独一无二的土地的热情。几个世纪以来，在这片土地上，美景与美味和谐共存。

詹路易吉·曾蒂

ACADEMIA BARILLA
ACADEMIA BARILLA

普通原料的新生

地中海沿岸的生活方式一直深深地吸引着我，让我联想到各种意象：简单的原料伴着轻柔的海风，红酒飘香，亲朋好友欢聚一堂。几十年来，地中海式美食鲜美可口的味道、根据地域不同而多变的风格及其有益健康的饮食平衡，一直令我痴迷并赋予我灵感。然而，真正激起我内心深处做厨师的欲望的却是其灵活性。这种美食只需要最新鲜的原料，带有异国风味的香料、调料和独特的烹饪技术即可，它期待每位厨师的加入，烹饪的过程简直就是试验、游戏、解读和发现的神奇之旅。

我所信奉的烹饪哲学一直都是"用非同寻常的方法来处理普通原料"。没有任何一种烹饪法能像地中海式烹饪法这样符合这一烹饪哲学。地中海式烹饪法以美味的橄榄油、意大利面食、海鲜、蔬菜和橄榄为主。任何一顿大餐的制作都必须首选最新鲜、最优质的原料。

一个多世纪以来，经过巴里拉家族的四代真传，巴里拉一直是整个行业的领导者，它坚定不移地关注品质并致力生产正宗美食。能与巴里拉学院共事我感到十分荣幸，欢迎您加入美妙的美食烹饪大冒险。

托德·英格利希

Todd English

地中海式美食中的“女王”

2010年11月，联合国教科文组织将地中海式饮食列入了非物质文化遗产清单。这一荣誉承认并肯定了这种存在了一千多年的生活方式的普世价值，这种生活方式应该被保护并推广。“饮食”一词源于希腊，字面意思是“简单的食物和营养”，但其隐含意思却远不止于此。它让人联想起整个人类的历史、物质文化、土地保护、生物多样性，联想起食物的社会意义和宗教意义，联想起人类的生活方式和行为准则。

从这个意义上来说，地中海式饮食将过去与现在紧密地联系在一起，引导那些想更好地认识食物并与食物建立诚实关系的现代人，使他们以更自然的节奏回归到更平衡的生活方式中来，并培养更健康、更富有乐趣的饮食习惯。地中海式饮食鼓励人们将每一顿饭都看作一种社会活动，而不仅仅是一种烹饪法，将分享食物看作是对情感、价值观和有意义的人际关系的一种具体体现。

没有哪一种美食烹饪法是整个地中海地区都采用的，也没有哪种烹饪法能做出让人一眼就能识别出来的菜肴，因为各地的菜肴不可能完全一样。但在变化多端的烹饪传统背后，却存在一个清晰可见的美食宏观系统——一个普遍的营养和饮食结构，在这个结构中，相同的基本原料（如谷物、橄榄油、蔬菜、奶制品和鱼类）以各种方法被使用，呈现出截然不同的纹理、形状和风味。饮食模式位于各种地方菜肴之上，在意大利，这种饮食模式发挥了最大的潜能。

相同的气候条件——适度的降雨量，是地中海盆地各文化、地理区域间的真正纽带：降水主要集中在秋季和冬季，夏季则很漫长、炎热和干燥。在气候的影响下，主要有三种互补并常常在同一地区或相对较近的地区共存的生态系统：海洋，大陆高原、沿海平原或近水平原，高山和丘陵间的山谷。不同区域间频繁的贸易和商业往来成为最终的决定性因素，使地中海式饮食流行开来并独具一格。当然，人们十分尊重地形特征和果实成熟所需的自然时长。

从这个角度来说，意大利美食是地中海式美食中的“女王”。意大利不仅拥有多样的地形地貌，而且还有着特殊的历史——正是意大利特殊的历史使得意大利取得了文化、艺术和烹饪方面的成功，这听起来似乎有些荒谬，但它却使意大利美食（尤其是南部地区的美食）呈现出异质性、多元化和多样性的特征，能以相对较少而有限的产品为基础做出无限多样的美食。

数百年来，对食物的热爱、对土地的尊重与爱护、想象力及充分发挥每种味道和原料的潜力的能力——所有这些都得以增强，从文化和物质的角度来说，意大利烹饪法、传统产品和美味佳肴的数量在世界范围内都无与伦比。

根据目前的定义，地中海式饮食是美国生理学家安塞尔·凯斯于20世纪50年代发现的。他注意到，在地中海沿岸国家，心血管疾病的发生率很低，他专注于饮食与健康的相互关系，他在著名的《七国研究》中科学地论证了饮食在预防生理疾病方面的重要性。

随后的许多研究都进一步证实了这位美国医生的直觉的可靠性。一篇由巴里拉食物与营养中心发表的主题为“饮食与健康”的论文有效地论证了不同族群的饮食习惯和慢性病的发生之间的联系，超重或肥胖往往与慢性病的发生有关。近来的一系列研究进一步表明，人的平均寿命与饮食习惯密切相关。

选择符合地中海式饮食模式的饮食并采用一种比较健康的生活方式能降低人们患最危险疾病的风险。食物的味道和美学魅力是地中海式饮食不容忽略的又一优势。地中海式饮食种类多样，烹饪方法灵活且色香味俱全，适合每个人的口味，能让餐桌变得更加丰盛，增强人们进餐时的乐趣。它还提供了发现新口味或重新发现古老口味的方法，最重要的是，世界各地的人们都可以遵循并重新诠释这种烹饪方式。

事实上，地中海式饮食最基本的烹饪模式非常简单、灵活：以谷类（最好是全谷物，这些全谷物可以以意大利面食、面粉、粥、蒸粗麦粉的形式出现，或蒸熟后即可食用）和大量应季的水果与蔬菜为基础。加入适量的奶制品、蛋类、鱼类、肉类（最好是白肉）或豆类（众所周知，添加豆类是地中海饮食的显著特征，丰富的豆类是植物蛋白的重要来源），会提升食物的品质。也可以加入少量干果以使某些菜肴变得更加美味可口并提高其营养价值。最后，一提到烹饪用的调料和动植物油，特级初榨橄榄油是无可争议的领导者。如前所述，地中海式饮食有许多可能的组合形式。而且，各种原料的比例与著名的食物金字塔完美匹配。食物金字塔是由美国农业部于1992年设计的图表，清楚、有效而直观地呈现出日常餐食应有的结构。

近几年来，出现了一个不容忽视的因素——食物生产的生态足迹，更准确地说，指每个部分对环境的具体影响。许多研究都对该议题进行了深入的讨论，最终结论很明确：当我们的饮食以植物（即谷类、水果和蔬菜）为主时，我们是在表达我们对地球的尊重和责任，这是因为：农业，尤其是传统农业和非密集型农业比养殖业对不可再生资源的影响还要小。另外，与动物产品相比，植物产品在能源转换方面更实用、更有效。

地中海式饮食还能提高生产力和保护能源方面的资源。我们的健康与地球的健康息息相关，如果我们将食物金字塔与环境金字塔（环境金字塔阐明了各生产部门对生态系统的影响）并置，我们会发现它们是成反比例关系的。被证明对我们的健康最有益的食物对地球的损害也较小（若想深入了解，我们推荐您读一读由巴里拉食物与营养中心于2009年出版的《水资源管理与气候变化、农业与食物的关系》）。

凯斯博士做的这个研究虽然令国际科学界注意到了地中海饮食模式的合理性，但它却没有将人们的注意力引向地中海式饮食的真正起源和历史动因。事实上，地中海式饮食从来就不是什么“人间乐园”，尽管对地中海式饮食的肤浅分析可能会误导人们得出这样的定义。数千年来，特殊的气候、地质、经济和社会因素的相互作用导致了烹饪习惯的形成，这种烹饪习惯的特征是简单、节制和节俭，它体现了人们真正的痛苦，因为只有穷人才吃“地中海式的饮食”，而那些上等社会的人则吃红肉和令人发福的美味佳肴，尽管这些食物一点也不健康。

数千年来，地中海文化（尤其是以多元化和无与伦比的文化历史为特征的意大利文化）在他们的餐食中注入了具有高度象征性和仪式感的元素，在现代社会，这种象征性和仪式感日益无可挽回地消失了。甚至从时间的安排和人与人之间的交流来看，我们在桌旁吃饭、欢聚的方式似乎都变得不那么重要和健康了。“意大利饮食风格”之所以魅力依旧，是因为意大利丰富的历史及这些历史所蕴含的意义赋予意大利饮食以更多的价值。编撰本书的目的在于首次将一系列最佳烹饪法结合在一起——不论是传统烹饪法还

是现代烹饪法，只要完全是地中海烹饪法即可——本书以一系列颇有深度的解释揭示出被隐藏起来的、无法言传的，甚至在食物的味道面前黯然失色的特殊意义。

尽管科学证明了地中海式饮食在营养学上的价值，但数百年来，创造、发展地中海式饮食的功劳属于生活在这片土地上的人们，因为他们深谙古老的知识和无可匹敌的传统荣耀。从这个意义上来说，意大利在烹饪上的创造力主要体现在意大利南部。品尝某些菜肴就像是沉醉在一个大熔炉里：这里有细腻的口感、吸引人的故事、沁人的香气和鲜美的味道。

重新发现地方食谱但却不知道这些食谱真正的根源，或只出于营养学方面的考虑而选择食物都是徒劳的。参考过去有关烹饪法的学说并以新的理解来诠释这些烹饪法，使之重新流行起来是有意义的；理解传统的意义、遵循传统并对传统进行重新诠释，使传统能适应我们生活的时代同样意义非凡，因为人们至今仍在书写着地中海文化及非凡的美食文化的历史。

甜食

肉类
冷盘、鱼类
蛋类、豆类

酸奶、牛奶
奶酪

油

马铃薯、意大利面
面包、稻米

水果、蔬菜

鱼类、肉类

油、奶酪
冷盘、甜食

豆类

面包、稻米
意大利面、蛋类

牛奶
酸奶

蔬菜
水果
马铃薯

如图，左侧是食物金字塔，右侧是环境金字塔。

食物金字塔与环境金字塔

食物金字塔呈现了一个健康而均衡的营养模式，每个人都可以参考它来决定每天的饮食。如今，它是地中海式饮食的标志性图像。

这幅图简单、有效且通俗易懂，它阐明了身体所必需的各种食物并将它们分为六个级别。最下面的一级是热量很低的水果和蔬菜，但它们仍可以提供（消化系统正常运转所必需的）水、矿物盐、维生素和膳食纤维。谷物或富含碳水化合物的食物（如小麦、意大利面和面包）位于第二级，它们是地中海式饮食的中心支柱。第三级包括（用于烹饪的）调味品和动植物油，通常是橄榄油（体现了地中海式美食的特色，很珍贵）。第四级看上去更小，包含酸奶、牛奶和奶酪。肉类（主要是白肉）、蛋类、豆类和鱼类为第五级。它们与奶制品一同代表了在饮食上对蛋白质的需求。我们可以清楚地看到，我们应该少吃这一级别的食物，严格控制对这些食物的摄取量，而要多吃蔬菜和谷物级别中的食物。甜食和脂肪位于食物金字塔的最顶端，只可以偶尔吃一点。每个成年人的日常饮食都应该包括这六个级别的食物，人们应按食物金字塔中显示的比例来摄取这些食物。这一模式很容易遵循，它为培养健康的饮食习惯提供了指导和味觉上的启示。

值得注意的是，主要依赖于同一级别的一种或多种食物的做法是应该避免的，这是因为经常变换食物的种类对于合理的膳食来说是非常重要的，而合理的膳食有益于身体健康并令人心情愉悦。季节性是我们不该忽视的另一个重要因素，因为它牵涉对产地的高度重视，更不用说对更正宗的味道的完美体验了。

环境金字塔以简单而清晰的术语解释了食品生产对生态的影响（被称为“生态足迹”）。不难看出，它与食物金字塔成反比。这意味着为我们的身体所选择的最健康、最均衡的膳食几乎完全符合能最好地保护环境和我们生存的地球的食物。

开胃菜

餐馆里的每张菜单都始于“开胃菜”这个词。“开胃菜”这个大标题可以囊括数百道菜名，这是因为五花八门的原料、颇具创意的做法赋予开胃菜以丰富的文化内涵、民族性和社会意义，因此，在美食传统中，开胃菜具有举足轻重的地位。如今，开胃菜几乎是包罗万象的，包含各种菜肴和食品。

但仔细斟酌，在欧洲各国的语言中表达“开胃菜”这个意思的词语各异，体现了观念的变化。在意大利语中，所用的单词是“antipasto”（从字面意思来说，指“餐前”），从时间顺序上强调了一顿饭的进程。在法语中，所用的单词是“hors d'oeuvre”（自17世纪起，这个词便被人们视为“开胃菜”的同义词），体现了不同学科间的等级关系。英语的“appetizer” 强调了膳食的功能和意义——刺激食欲。可见专业美食词汇也反映出了一个国家的烹饪哲学。

沿着同样的思路，还有两点值得注意。首先，从本质上来说，膳食具有社会经济意义。在过去，有很多道菜的丰盛大餐是很奢侈的，只有一小部分人能承担得起，即使是在今天，人们也只能在某些特殊的情况下和场合里才能看到这种丰盛大餐。第二种情况更具历史意义，也更符合美食的特征，影响了晚餐的结构（这意味着盛宴般的大餐存在于每个时代、每种文化之中）。在豪华而奢侈的法式大餐之后，客人们可以同时反复品尝无数道菜肴，法式大餐被分为“自助餐服务”（提供冷的食物）和“厨房服务”（提供热的食物）两部分。俄式大餐则更合理而严格，上菜的顺序和上什么菜都是一成不变的，在俄式大餐里开胃菜才真正地找到了自己的位置。

由于开胃菜的种类仍是开放的并处于不断变化之中，因此它是最适合被讨论和重新诠释的，毁誉参半。如今，开胃菜甚至可以成为一顿饭（如在自助餐中）、朋友间非正式的便餐或意大利开胃酒（餐前鸡尾酒）中的主角。

无疑，开胃菜能够流传下来的秘密在于其令人难以置信的多样性，可以是简单的腌制食品、冷盘、鲜奶酪或熟化奶酪、鲜美的蔬菜，也可以是制作精美的美味糕点等。开胃菜可以深植于传统之中，也可源自最新流行的烹饪法。不管怎样，开胃菜都始终发挥着自己的魅力，是激发食欲的“开幕式”，邀请人们体验意大利美食的非凡世界。

油炸凤尾鱼

Anchovies with tomatoes, capers and taggiasca olives

难度系数1

4人份配料
制备时间：35分钟（30分钟准备+5分钟烹饪）

400克凤尾鱼
3个鸡蛋
50克意大利“00号”面粉
300克面包屑
油炸用的特级初榨橄榄油
依个人口味加盐

制作方法

将凤尾鱼洗净，去掉鱼头、内脏和鱼刺。将鱼纵切为两半，打开鱼肚，然后用水冲漂干净并控干水分。在凤尾鱼上撒点面粉，然后将鱼在搅打好的蛋液中蘸一蘸并裹上面包屑。

将鱼放在沸油中炸并用滤勺将其取出，用纸巾将凤尾鱼上的油吸干并在上面撒盐。

将鱼盛在圆锥形（箔）纸筒或（箔）纸袋中并端上桌。

油炸凤尾鱼

手抓食品日渐流行起来，同时，自助开胃菜也成为意大利开胃酒（餐前鸡尾酒）的一部分，从某种程度上来说，这一趋势解释了人们回归简单、传统食物的原因。放在箔纸筒中的油炸凤尾鱼便是这些传统食物中的一种，它是一道美味的小零食，可以用手抓着津津有味地吃。卖一些在走路时也能吃的食物是一种最古老的提供餐饮的方法。在市场、街道和港口的十字路口，经常有卖这种小食的，以备人们长途旅行之需。

柑橘腌凤尾鱼配茴香沙拉

Citrus-marinated anchovies with fennel salad

难度系数1

4人配料
制备时间：30分钟（30分钟准备）+1天腌泡

600克新鲜的凤尾鱼
700克茴香（约3个球茎）
1个橙子
1个柠檬
50毫升特级初榨橄榄油
1小枝百里香
1小枝野茴香
依个人口味加盐和胡椒

制作方法

将凤尾鱼洗净，去掉鱼刺和内脏。用马铃薯削皮器将柠檬和橙子去皮，确保果皮上无白色筋络残留，将柠檬皮和橙皮切碎。将百里香从茎上剥下来，并将野茴香大致切一下。

将一半的香草放在容器底部，加入切碎的柠檬皮和橙皮以及少量特级初榨橄榄油。将凤尾鱼放在上面，再依次将剩下的香草、橙汁、柠檬汁和少许盐、胡椒撒在凤尾鱼上。将凤尾鱼放在冰箱里腌泡一整天。

将茴香洗净并切成薄片，切好的茴香用冷水冲洗干净并滤掉水分。

腌泡

即使是在意大利的饮食传统中，准备食物也并不总是意味着需要烹饪，腌泡食物就是一个典型的例子。腌泡汁是一种调味汁，可以将食物放在腌泡汁里浸泡很长时间，有时甚至可以腌泡一整天。酸性原料（如醋、柑橘属水果汁或酒精饮料等）会改变食物的味道、稠度和外表，这样不需加热便可将食物做好。腌泡是意大利烹饪法中的典型做法，它既可以是较复杂的烹饪法中的一个初始阶段，也可以仅仅是食物准备过程中的一个简单步骤。腌泡是一种非常古老的方法，可以延长食物的保存期，如今，它仍是地中海式饮食传统中不可或缺的一部分，其在口感和营养方面的价值是不容否认的。

去皮榛子饭团配斯卡莫扎烟熏奶酪

Hazelnut-crusted rice fritters with scamorza

难度系数1

4人配料
制备时间：50分钟（30分钟准备+20分钟烹饪）

250克大米
100克斯卡莫扎烟熏奶酪
100克面粉
200克面包屑
100克去皮榛子
3个鸡蛋
30克黄油
40克帕马森干酪，磨碎
1.5升牛肉汤
油炸用的橄榄油

制作方法

将米放在牛肉汤中煮，当它变得有嚼劲时滤出汤汁。加入鸡蛋、黄油和磨碎的帕马森干酪，搅匀并让其冷却。

做成（乒乓球大小的）饭团，在每个饭团中央放入一片斯卡莫扎烟熏奶酪。

将饭团裹上面粉，然后将它们放到搅匀的蛋液里蘸一蘸，最后将面包屑和碎榛子混合物裹在饭团上。将饭团放在大量沸油中炸，并用滤勺取出。将它们放在纸巾上沥干油，然后端上桌。

饭团

人类的创造力体现在很多方面，显然饭团就体现了人类在美食方面的创造力。将水稻种植传到西班牙和西西里岛（希腊和拉丁的美食文化在很大程度上忽视谷物的作用）的阿拉伯人有用大托盘上米饭的传统。在宴席上，人们将珍贵的藏红花粉撒在米饭上调味，并将米饭放在蔬菜汤或肉汤里。客人们只要一伸手就可以很容易地拿到这些美食。神奇的烹饪史告诉我们，最伟大的发明往往是看似势不两立的两种文化相互碰撞的结果。阿拉伯人的烹饪习惯就这样传遍了整个西西里岛，后来，人们希望随时随地都能吃到米饭，哪怕在旅行时也不例外，于是“饭团”便产生了（大概产生于费德里克二世时代）。人们将少量被调好味的米饭做成球形、圆锥形或椭圆形。后来调味品演变成无数具有地方特色的变体，有的味道较重，有的则味道较轻，这主要取决于调味品的口味及其经济价值。但意大利人的天才之处在于将饭团裹上面包屑并放在沸油中炸（这种方法将味觉与常识结合在一起）。饭团成为颇具特色的容器，酥脆、金黄的外壳里是香味扑鼻的美味。最重要的是，饭团保质期长，携带方便且适合于任何场合。

小杯番茄果冻配布拉塔奶酪和香蒜沙司

Small glasses of tomato jelly with burrata cheese and pesto

难度系数2

4人配料
制备时间：30分钟（30分钟准备）+2小时凝固

1千克成熟的番茄（约5.5个大番茄）
100克布拉塔奶酪
4~5片明胶
依个人口味加香蒜沙司
依个人口味加盐和胡椒

香蒜沙司
15克罗勒（约30片罗勒叶）
30克帕马森干酪，磨碎
20克佩科里诺奶酪，磨碎
8克松仁
100毫升特级初榨橄榄油，最好是利古里亚牌橄榄油
半瓣蒜

制作方法

将罗勒洗净并沥干水分，以备做香蒜沙司。将罗勒与其他原料在臼中混合并将它们压碎。将混合物转移至碗中，加入足够的橄榄油，将混合物完全覆盖并将其放在一旁备用。

给番茄去皮、去籽。将番茄放入蔬菜榨汁机，或将它们打成糊状，依个人口味加盐和胡椒。

在一个平底锅中将部分番茄酱加热。将明胶浸泡在冷水中，然后将其放到加热过的番茄中并让其溶解。加入剩余的番茄酱并将其倒入玻璃杯中。将其放在冰箱中冷藏2个小时以上。

准备好番茄酱后，在每个玻璃杯中放1匙布拉塔奶酪。在每个玻璃杯中加入香蒜沙司做点缀。冰镇后食用效果更佳。

表面涂有特级初榨橄榄油并添加了番茄和罗勒的意式烤面包

Tomato-basil bruschetta with extra-virgin olive oil

难度系数1

4人配料
制备时间：20分钟（20分钟准备）

400克法式长棍面包
300克圣马尔扎诺番茄
20毫升特级初榨橄榄油
4片罗勒叶
几瓣蒜
依个人口味加盐

制作方法

将面包切成约1厘米厚的面包片，在烤箱里或炉子上的平底锅里烤面包片。

面包片烤好后，剥几瓣蒜并切好，将蒜末撒在面包片上。

将番茄切丁，调以橄榄油、盐和大致切碎的罗勒。静置几分钟，让调料被彻底吸收。

如果面包片太大，可将其切小一点。在每片面包片上放一些切成丁的番茄，然后端上桌。

乡村面包

过去，许多人都在家里用粗磨全麦面粉和天然酵母做面包。制作天然酵母需要漫长而精确的发酵过程，做好的天然酵母要加到已经发酵的面包中。发酵菌让面包别有风味。与现代酵母相比，天然酵母的酸度高，使面包能抵抗细菌的侵袭，因此使面包更容易保存，这就是乡村面包的保质期会更长的原因。这足以解释为什么乡村面包都是大块的，但影响乡村面包的大小和形状的因素还不止于此。影响乡村面包大小的首要因素是社会经济因素。如果农民有自己的烤箱，或者他们可以随便使用集体烤箱的话，做出的面包就会比较小。可是事实并非如此，当时掌管烤箱的是特权阶级，因此面包往往都被做得比较大，这样农民们就不至于过分依赖当地的领主了。

加了填料的鱿鱼

Stuffed calamari

难度系数2

4人配料
制备时间：45分钟（30分钟准备+15分钟烹饪）

4条中等大小的鱿鱼
4只虾
40克面包屑
1个柠檬（柠檬皮与柠檬汁）
1个蛋白
半瓣蒜
1汤匙切碎的欧芹
100克蔬菜什锦
40毫升特级初榨橄榄油
依个人口味加盐和胡椒

制作方法

将鱿鱼和虾冲洗干净。

将鱿鱼的触角切下来，并将它们放在带有柠檬汁的水中煮。将鱿鱼的触角切碎，将虾细细切碎。

将蒜和欧芹切碎并将它们和面包屑混合在一起。把鱿鱼的触角、虾、少量柠檬皮混入蛋白中，依个人口味加盐和胡椒。

给鱿鱼加填料，用牙签使它们保持闭合状态。

在平底锅里涂少许橄榄油并将鱿鱼放到锅里。将烤箱预热到170℃~180℃，将鱿鱼烘焙15分钟左右。

将鱿鱼切成薄片，用蔬菜什锦做装饰来点缀每一份鱿鱼，最后将冷榨橄榄油淋在上面。

绿色蔬菜沙拉

在《意大利的水果、香草和蔬菜概述》中，贾科莫·卡斯泰尔韦特罗（出生在摩德纳，威尼斯是他的第二故乡）强调了沙拉在意大利美食中的重要性。与欧洲的其他烹饪传统不同，意大利烹饪法的主要特征是选用蔬菜、（野生和栽培的）香草和农产品做主要原料。卡斯泰尔韦特罗认为，这种意大利烹饪习惯虽源于特殊的社会、经济条件和气候状况，但却很快被人们所喜爱。卡斯泰尔韦特罗甚至还解释了“沙拉定律”，认为人们在调制沙拉时应该遵循“沙拉定律”，以更好地提升口感。首先，必须仔细清洗绿色蔬菜并沥干水分，然后将蔬菜放在撒了一点盐的盘子里。其次，将盐撒在绿色蔬菜上，将大量橄榄油淋在最上面，仔细将蔬菜摇匀，这样每片菜叶上都会“沾些油”。最后再淋些醋。正如作者所强调的，如果您不按步骤做的话，美味的绿色蔬菜沙拉就只能变成“上好的鸭食”了。

海鲜与蔬菜沙拉

Seafood and vegetable salad

难度系数1

4人配料
制备时间：2小时（2小时准备）

4块压缩饼干（或4片烤好的厚面包片）
800克黑鲈鱼或荫鱼
1只龙虾，约750克
4只挪威海螯虾
25克晒干的咸鱼条或熏鱼子
2条蘸了盐的凤尾鱼
2个煮鸡蛋
300克花椰菜
100克四季豆
100克马铃薯（约1个小马铃薯）
100克胡萝卜（约2根小胡萝卜）
50克芹菜（约3根芹菜梗）
200克甜菜（约2.5根甜菜）
200克芜菁（约3小根芜菁）
60克油浸蘑菇
2个鲜蓟
12个绿橄榄
1个柠檬
40毫升特级初榨橄榄油
50毫升葡萄酒醋

调味汁
8克欧芹
20克新鲜的面包屑
15毫升醋
15克松仁
15克盐渍凤尾鱼
15克酸豆
15毫升特级初榨橄榄油
10克去核的绿橄榄（2~3个大橄榄）
1瓣蒜
2个煮鸡蛋的蛋黄
依个人口味加盐

制作方法

做调味汁时，首先将面包屑浸泡在醋中，直到它们变软。挤出多余的醋液并将其滴到食品加工机里。加入凤尾鱼（将凤尾鱼洗净并去掉鱼刺）、蒜瓣、2个煮鸡蛋蛋黄、酸豆、橄榄、松仁、欧芹和少许橄榄油。搅匀并依个人口味加盐调味。

用盐水煮花椰菜、四季豆、芹菜和胡萝卜。在另一个锅中煮马铃薯、芜菁、甜菜和鲜蓟（洗净并切半）。将蔬菜切成丁或切成薄片，并加入盐、少许醋和一半的橄榄油调味。

将鲈鱼洗净并在盐水中煮。将龙虾和挪威海螯虾分别煮大约20分钟和5分钟，然后去壳，切成薄片，再将鲈鱼剔刺切碎。在海鲜里加入柠檬汁、少许盐和剩下的橄榄油调味。

将蔬菜和鱼交替着摞放在每个盘子中，将调味汁涂在蔬菜和鱼之间。

最后加入圆形龙虾肉、挪威海螯虾、切成薄片的鱼条（或熏鱼子）、切成薄片的水煮蛋、橄榄和用橄榄油浸过的蘑菇，每份加1条凤尾鱼。将剩下的调味汁淋在最上面。在烤面包或饼干上洒少许醋。将沙拉放在做好的食物旁边或将沙拉放在食物上食用。

番茄汁炖意大利白豆和腌猪脸肉

Cannellini beans and guanciale stewed in tomato sauce

难度系数1

4人配料
制备时间：55分钟（15分钟准备+40分钟烹饪）+将白豆浸泡12个小时

200克意大利白豆
200克番茄（约2个小番茄）
30毫升特级初榨橄榄油
100克腌猪脸肉（腌制的猪脸肉），切成细条
1瓣蒜
4克切碎的欧芹
1小枝百里香
依个人口味加盐和黑胡椒

制作方法

将意大利白豆放在冷水中浸泡12个小时。滤掉白豆中的水分，并将白豆放在未加盐的水中煮15~20分钟。

将番茄去皮、去籽，然后切成丁。

将油倒入锅中加热，加入切碎的蒜、欧芹、一整枝百里香和一半的腌猪脸肉（切成细条）。加入番茄丁和煮熟的白豆。加入盐和胡椒调味，并用小火再炖几分钟。

将剩下的腌猪脸肉（切成细条）放在烤箱里用高温烘烤，直到肉变得酥脆为止。

将煮好的白豆和酥脆的腌猪脸肉及现磨的黑胡椒一起端上桌。

意大利白豆

在其他种类的豆还未从美洲传到欧洲时，欧洲人所熟悉的唯一的豆类便是扁豆属。在意大利语中，这种豆被称为眼豆，之所以称之为眼豆是因为这种豆在其种子和豆荚的连接处有个小黑点。豆类曾被人们称为“穷人们的肉”，它们往往在下层阶级的餐桌上起着重要的作用。事实上，值得注意的是，与来自美洲的其他产品不同，豆类在欧洲的传播速度特别快。由于人们已经习惯于吃豆了（主要是在汤里和谷类混在一起吃），因此不难将豆类融入现有的美食体系和农业体系中。

兔肉沙拉

Rabbit salad

难度系数1

4人配料
制备时间：40分钟（20分钟准备+20分钟烹饪）+腌泡2小时

半只兔子
100克圣女果（约6个）
200克野苣
2束鼠尾草
1小枝迷迭香
1小枝马郁兰
1瓣蒜
100毫升特级初榨橄榄油
依个人口味加盐和胡椒

制作方法

将兔肉放在加了一半鼠尾草的盐水中煮20分钟。待兔肉煮好后，去掉骨头并将兔肉撕成小块。

将兔肉和整瓣蒜（如果您喜欢，可以在放蒜之前先将蒜泡到橄榄油中）、现磨的胡椒、少量盐和五分之四的橄榄油混合在一起。将混合物放在冰箱里冷藏2小时。

在盘子上先铺一层野苣（彻底冲洗干净并去掉水分），再把兔肉放在上面。将圣女果切成楔形并加到菜中。将鼠尾草、迷迭香、马郁兰一起切碎，也加到菜中。最后淋些冷榨橄榄油再端上桌。

兔肉

意大利兔肉质好，产量高，可分为在小型乡村农场养殖的兔子和在大型畜牧公司养殖的兔子，无论是在哪里养殖的兔子，整个饲养过程都是经过严格控制的。兔肉属于白肉，肉质细嫩柔软，全是瘦肉，很容易消化吸收，安全且胆固醇含量低，一直深受人们的喜爱。中世纪的饮食观念认为，食品会对人的思想和身体造成一定的影响，兔肉对忧郁的人和老年人不好，但却有益于年轻人和精力充沛的人。古人认为，兔子这一称呼源自兔子喜欢住在地洞里的习惯，所有驯化品种的先祖都是住在地洞中的野兔。即便是对于奥古斯都大帝来说，这些繁殖力特别强的动物的数量也似乎过多了。由于兔子特别多产，数量激增得反常，导致巴利阿里群岛的居民遭受了饥荒，因此居民们请求军队帮忙来消灭兔子，以防兔子泛滥成灾。

鲭鱼沙拉

Mackerel salad

难度系数1

4人配料
制备时间：1小时（1小时准备）

4条新鲜的鲭鱼，每条约250克
200克蔬菜什锦
50克金色葡萄干
50克烤松仁
50克绿色橄榄（约18个）
少量韭菜叶
少量薄荷叶
60毫升特级初榨橄榄油
10毫升摩德纳香醋
依个人口味加盐和胡椒

煮鱼的汤料
2升水
250毫升醋
80克胡萝卜（约1.5根小胡萝卜）
150克洋葱（约2头小洋葱）
70克芹菜（约2根芹菜，芹菜梗的长度为中等长度）
5粒黑胡椒粒
1片月桂叶

制作方法

先做煮鱼的汤料，将所有原料放在水中煮30分钟。将葡萄干浸泡在温水中，至少浸泡15分钟。

将鲭鱼洗干净并取出内脏，用冷水冲洗干净。

将绿色蔬菜洗净，将橄榄切碎。

在鲭鱼放在煮鱼汤料中煮10~12分钟（煮鱼的时间取决于鱼的大小），然后使鱼冷却。把鱼切成片并剔掉鱼刺，然后将鱼片分成4份。

将韭菜和薄荷切碎并将其加到绿色蔬菜中。在混合物中加入香醋、盐和橄榄油调味。拌匀并平分到每个盘子中，加入橄榄、葡萄干和松仁。最后加入鲭鱼片。在上面淋上橄榄油并撒上现磨的胡椒。

东方的鱼、西方的鱼

古人清楚地意识到了地中海丰富的生物多样性以及它为捕鱼业所提供的好处，他们知道到哪儿能捕到最好的鱼。例如，鲭鱼常在春天繁殖后来到海岸边。它属于“蓝鱼”的范畴，深受地中海沿岸人们的欢迎，亚得里亚海沿岸的居民特别喜欢鲭鱼的美味。在水下世界，鱼的年龄和出身也同样重要。

茴香沙拉配用野生茴香汁腌泡的生剑鱼片

Fennel salad with swordfish carpaccio in wild fennel marinade

难度系数1

4人配料
制备时间：50分钟（50分钟准备）

350克茴香（约1.5个球茎）
400克剑鱼
2个柠檬
20克野生茴香
60毫升特级初榨橄榄油
依个人口味加盐和胡椒

制作方法

给剑鱼去皮并切成薄片，越薄越好。将鱼片放在一个钢托盘中，并依个人口味加入盐和胡椒调味。撒些野生茴香，在上面淋些柠檬汁。将鱼片放在冰箱中，需要腌泡30分钟左右。

将茴香洗净，切成薄片并将其放在冰水里。

做柠檬调味汁：将40毫升橄榄油和用半个柠檬榨的柠檬汁混合在一起，并依据个人口味加入盐和胡椒，搅拌均匀。

滤掉茴香中的水分使其变干。将茴香和柠檬调味汁混合在一起，并将混合物放在盘子的中央。将剑鱼鱼片摆在混合物周围（在将剑鱼移出腌泡汁时滤掉多余的汁液）。将冷榨橄榄油淋在上面，并用新鲜的野生茴香和带状柠檬皮做点缀。

生鱼片的象征意义

在西方文化中，对食物进行加工意味着改变食物的自然属性。人类制定了严格的规定来规范食物的供应和消费，并拥有很多制度和技术手段（如农业技术、培育技术和收割技术等）来满足人们对营养的需求。除此之外，我们还可以通过改造食物和改变食物的状态——换句话说，就是通过烹饪来进一步改变食物。人类与动物截然不同，因为他们吃的食物是分门别类的，是符合特定的参数标准的。因此，吃生肉意味着跨越了某些界限，进入到阴暗、野蛮的动物领地，这里充满了最原始的饥饿本能和凶猛的狩猎本能。人类学家李维・斯特劳斯认为，从“生”到“煮”的过渡象征着文明发展过程中的关键时刻，因为它表明人类自愿与自然相分离。在过去的几年里，意大利人非常喜欢吃生鱼肉，一方面是因为人们一般认为生鱼肉是有营养的，另一方面是因为人们对日本菜越来越感兴趣。但仔细审视，人们会发现这其实是回到了古代传统。在普利亚和西西里岛，人们一直以来都是生吃海胆、贻贝、凤尾鱼、牡蛎和重量在450克以下的章鱼的。总之，全球化的趋势使曾经仅局限于局部地区的饮食传统流传到整个国家。

温和的斯佩尔特小麦沙拉配虾

Warm spelt salad with shrimp

难度系数1

4人配料
制备时间：40分钟（30分钟准备+10分钟烹饪）

150克斯佩尔特小麦
12只虾
100克胡萝卜（约2根小胡萝卜）
100克西葫芦（约1个小西葫芦）
100克番茄（约半个大番茄）
50克豌豆
50克红洋葱
少量罗勒叶
50毫升特级初榨橄榄油
依个人口味加盐

制作方法

将洋葱细细切碎并用少量的油炒。加入（切成薄片的）西葫芦和胡萝卜并用盐和胡椒调味。将它们煮熟，但不要让它们变软。加入焯过的豌豆。

番茄去皮、去籽并切成丁。

将斯佩尔特小麦放在盐水中煮，滤掉水分并将其放在一个碗里。加入煮过的蔬菜、切成丁的番茄和手撕的罗勒。用冷榨橄榄油调味并依个人口味加盐。

用少量的油炒虾并与斯佩尔特小麦一起端上桌。

法老小麦

二粒小麦是一种谷物，也被称为法老小麦，这种小麦自古以来就一直被广泛地栽培，在古典文明的饮食历史中起着重要的作用。事实上，罗马人用法老小麦来做麦片粥（也可叫作“玉米糊”）。很长时间以来，麦片粥一直都是地地道道的“国菜”，尤其是在罗马共和国的禁欲节约期。每天，军团士兵和普通民众都吃法老小麦，它也是奴隶们的主食。法老小麦广为流传，以至于意大利语中的“面粉”一词都源于这种谷物，因为在当时面粉就是用法老小麦做成的。法老小麦甚至还成为古罗马一个被称为“共食婚”（字面意思是“共享法老小麦”）的结婚仪式的核心部分。新娘和新郎要在罗马教皇和见证他们婚礼的十名市民面前一起吃一块用法老小麦做的蛋糕（仔细思考这么做是否有什么象征意义是毫无意义的）。剧作家普劳图斯（公元前3—前2世纪）提及了希腊人有嘲笑罗马人的习惯，他们称罗马人是“pultiphagi”（意大利南部的人仍开玩笑地称北方同胞是“polentoni”，字面意思是“大麦片粥”），仿佛是在声称他们不仅在文化上比罗马人更有优越性，而且在烹饪方面也是如此。现在，法老小麦已成为一种富有商机的谷物，但毫无疑问，它在意大利的烹饪和饮食习惯中留下了不可磨灭的印记。

山羊奶酪、糖醋洋葱和辛香番茄酱灌茄子

Eggplant stuffed with goat cheese, sweet and sour onion and tomato salsa

难度系数2

4人配料
制备时间：45分钟（45分钟准备）

800克茄子（约2根茄子）
350克特罗佩亚洋葱（约5头小洋葱）
400克番茄（约2个大番茄）
300克山羊奶酪
250毫升白醋
30克糖
1捆韭菜
6片大罗勒叶
150毫升特级初榨橄榄油
依个人口味加盐和胡椒

制作方法

将茄子冲洗干净并将它们纵切成薄片，在茄子片上多撒些盐并滤去茄子中渗出的水分。

大约20分钟以后，将不粘锅置于中火上，在锅中加入少量的油来炒茄子片。当炒完茄子以后，将它们放在纸巾上，用纸巾吸去多余的油。

将山羊奶酪与韭菜混合在一起并依个人口味加入盐和胡椒调味。

将番茄洗净并加入大约30毫升的橄榄油，将其打成糊状。用细滤网滤掉番茄酱中的液体，并用盐和胡椒调味。

将洋葱切成薄片并放在锅里，在加入糖和醋之后加热。当糖醋混合液沸腾时，关掉火并沥去洋葱的水分。

将已经洗净、沥干的罗勒叶和30毫升橄榄油调和均匀。

将1汤匙奶酪放在每片茄子片中间，然后将其卷起来。

用韭菜叶缠绕茄子卷，这样它就不会散开了。将它们摆放在上菜的盘子上，上面放1勺糖醋洋葱、1勺番茄酱并加点罗勒油。

螳螂虾配番茄焖肉和罗勒油

Mantis prawns with tomato confit and basil oil

难度系数2

4人配料
制备时间：1小时36分（1小时30分钟准备+6分钟烹饪）

16只螳螂虾
30克罗勒
40毫升特级初榨橄榄油

番茄焖肉
1.2千克成熟的番茄（约6.5个大番茄）
1瓣蒜
10克百里香
10毫升特级初榨橄榄油
依个人口味加盐、胡椒和糖

制作方法

将虾去壳，剪去虾背。加入盐、胡椒和一些油调味，将虾腌泡。

将番茄洗净并去皮。在开水中焯30秒并立即转至冰水中。将番茄平分为4份，去掉籽并将它们摆放在衬有烘焙纸的烤盘中。在番茄两侧用百里香、切成薄片的蒜、少许盐、胡椒和糖调味。将调好味的番茄放在80℃的烤箱中烘焙1个小时。

将烘焙纸衬在另一个烤盘中并将方形烹饪模具放在里面。将番茄和虾分层交替叠放，直到将烹饪模具填满。最后一层以番茄结束。

将烤箱预热到150℃并将准备好的食物在烤箱中烘焙6分钟。将罗勒叶在少量水中焯几分钟。滤掉水分并将它们直接放到冰水中。用一个浸入式搅拌器将它们与剩余的橄榄油搅匀。

将模具从烤箱中取出，将虾、番茄配罗勒油一起端上桌。

炸马苏里拉番茄奶酪

Fried mozzarella caprese

难度系数1

4人配料
制备时间：30分钟（25分钟准备+5分钟烹饪）

250克马苏里拉奶酪
250克面包屑
350克熟透了的番茄（约2个大番茄）
50克面粉
3个鸡蛋
4片罗勒叶
依个人口味加盐
油炸用的橄榄油

制作方法

将马苏里拉奶酪和番茄切成同样厚度的厚片。

将番茄和马苏里拉奶酪交替分层地码放整齐，共分4层。将罗勒叶放在番茄和马苏里拉奶酪之间。

将每摞食物包在烘焙纸中，好让烘焙纸吸去多余的液体。然后将面粉撒在每份食物上，将食物放在蛋液里蘸一蘸并裹上面包屑。再次将食物放在蛋液里蘸一蘸并裹上面包屑。

将食物放在沸油里炸并将食物放在纸巾上沥干。撒盐并端上桌。

牛奶和奶酪

牛奶是天然的营养物质，纯白无瑕，口味绝佳。自然状态下的牛奶是一种很有价值的食品，还可以将牛奶加工成各种不同的形态，因为通过发酵和凝结，牛奶能变成半固态或固态的物质。意大利人学会了控制牛奶的物理转化和生物转化过程，能娴熟地控制和处理这些变化并创造出各种非凡的奶酪，种类之多简直令人难以置信：如硬质奶酪或软质奶酪、鲜奶酪或熟化奶酪、蓝奶酪、牛乳奶酪、绵羊奶酪或山羊奶酪等——意大利奶酪产品的种类简直数不胜数。它们虽是以农牧业为主的地中海文化的产物，但富人和权贵们却并没有因此而减少对它们的喜爱。潘塔莱奥内·达·坎夫恩萨在15世纪创作的专著《奶制品大全》中介绍了这些美味佳肴，不容辩驳地证明了这一点。

辣椒琵琶鱼

Peppers stuffed with anglerfish

难度系数1

4人配料
制备时间：1小时5分钟（50分钟准备+15分钟烹饪）

2根红辣椒
300克琵琶鱼
依个人口味加盐和胡椒

制作方法

将红辣椒清洗干净，先将烤箱预热到190℃，再将洗好的红辣椒放在烤箱里烤20分钟，确保它们保持松脆可口。给红辣椒去皮、去籽，然后将它们切成长条。

将琵琶鱼洗净，剔掉鱼刺并将鱼纵切成2片长鱼片，每片宽3厘米。加入盐和胡椒调味。把鱼片放在辣椒片上并将它们卷起来，用一张铝箔将卷好的食物包好。将烤箱预热到150℃并将食物放入烤箱中烘焙15分钟，不加调味料。

将其完全冷却，后切成圆片，可选择任何您喜欢的食物做装饰并端上桌。

辣椒

16世纪，辣椒和源自美洲的其他食物一起进入到意大利美食系统中。这种蔬菜的名字很可能是指其独特的辛辣味道。不论辣椒是因为其特殊的味道而得名还是因为其鲜艳的颜色而得名，起初它就和其他许多植物一样并没有赢得人们的青睐。但与其他许多植物不同的是，在成为贵族桌上的美食之前，辣椒竟出乎意料地成为普通民众的挚爱（也许他们更急迫地需要营养）。有证据表明该说法成立。例如，温琴佐・科罗拉多便在其18世纪晚期的著作《勇敢的厨师》中，将辣椒定义为“乡下的庸俗食物”，这让人们相信，辣椒已被老百姓们所接受，但却不受上层社会的喜爱。（根据农村典型的保存方法介绍）早期将辣椒泡在醋中的传统也让人们得出这样的观点：下层阶级最先接受了辣椒的味道和营养价值。

茄子比萨配番茄和斯卡莫扎烟熏奶酪

Eggplant pizzas with tomatoes and smoked scamorza

难度系数1

4人配料
制备时间：40分钟（30分钟准备+10分钟烹饪）

400克圆茄子
2个鸡蛋
50毫升牛奶
50克面粉
油炸用的橄榄油
30克帕马森干酪，磨碎
1捆新鲜罗勒
350克番茄碎
150克斯卡莫扎烟熏奶酪
依个人口味加盐和白胡椒

制作方法

将茄子洗净并沥干。将茄子横切为约1厘米厚的茄子片。

将鸡蛋、牛奶和少许盐、胡椒放在一起搅拌均匀。

在茄子片上撒上薄薄的面粉并抖掉多余的面粉。将茄子放在搅打好的鸡蛋中蘸一蘸，当心不要裹太厚的蛋液。

将大煎锅置于中火上并倒入橄榄油。每次炸几片茄子片。当茄子片的两面都变成金黄色时，将它们取出放在纸巾上。

将斯卡莫扎奶酪切成0.5厘米见方的立方体。

将茄子摆在衬有烘焙纸的烤盘中。在每片茄子片上放2小匙番茄碎，然后加入少许盐和胡椒、1片罗勒叶、少量斯卡莫扎奶酪块和少量帕马森干酪。

将烤箱预热到180℃，将比萨放在烤箱中烘焙10分钟并端上桌。

斯卡莫扎奶酪

这种经典的意大利南方奶酪呈梨形，很好辨认，与该地区的其他奶酪产品，如马苏里拉奶酪和马背奶酪一样，有着共同的起源（和制作方法）。在准备过程和熟化过程中的细微差别使得它们略有不同。对于斯卡莫扎奶酪来说，牛奶被稍微加热即可，然后加入热水，直到产生线状纹理。这种奶酪的另一个版本是烟熏奶酪，可以生吃或作为一种原料出现在其他食谱中。在食用之前，要让其熟化5~6天。但其基本成分与制作种类繁多的意大利南方奶酪所需要的原料一样。由此可见，农场文化在加工食物方面显示出非凡的创造力和非凡的技艺，使简单的日常原料（牛奶、水和盐等）蜕变为令全世界垂涎的美食。

烤挪威海螯虾配开心果

Baked scampi with pistachios

难度系数1

4人配料
制备时间：33分钟（25分钟准备+8分钟烹饪）

12只挪威海螯虾
100克去壳的开心果
50克面包屑
30毫升特级初榨橄榄油
依个人口味加盐和胡椒

制作方法

挪威海螯虾去壳但不要去掉虾头。用盐和胡椒调味。

将开心果细细切碎并与面包屑混合。加2汤匙橄榄油和少许盐。

在烤盘上涂上少量橄榄油并将挪威海螯虾摆在里面。在挪威海螯虾上撒上开心果碎和面包屑的混合物。将烤箱预热到180℃，然后将虾放在烤箱里烤8分钟左右。

古代甲壳纲动物

在古罗马，尤其是古罗马帝国时代，鱼和甲壳类动物非常受人们的欢迎。从烹饪的角度来说，鱼和甲壳类动物的准备方法完全不同。给对虾和琵琶虾去壳，在研钵里将虾肉碾碎并加入黑胡椒和鱼酱（罗马发酵鱼酱）便制成了美味的“虾丸”。但是，罗马人却经常将鱼切为两半后放在烤架上烤，这表明简单的做法永远不会过时。

千层酥皮配马郁兰味里科塔奶酪和橄榄酱

Puff pastry with creamy oregano-flavored ricotta and olive pesto

难度系数2

4人配料
制备时间：42分钟~43分钟（30分钟准备+12~13分钟烹饪）

面食
250克意大利“00号”面粉
80毫升特级初榨橄榄油
120毫升水
5克盐

馅
160克用山羊奶做成的新鲜里科塔奶酪
15克新鲜马郁兰
80克黑橄榄酱
25毫升特级初榨橄榄油
依个人口味加盐和胡椒

点缀
依个人口味加蔬菜什锦
30毫升特级初榨橄榄油

制作方法

将面粉与橄榄油、水和少许盐混合在一起，直到面粉被揉成光滑匀净的面团为止。用保鲜膜将面团包好，放在冰箱里冷藏30分钟。

用擀面杖或压面机将面团擀成2毫米厚的面片。

用不锈钢波浪轮刀将擀好的面片切成8厘米见方的面饼。将烘焙纸铺在烤盘上，将烤箱预热到180℃并将面饼放在烤箱里烘焙12分钟。

将橄榄油、马郁兰和橄榄酱放在里科塔奶酪里并搅拌均匀。用裱花袋将少量馅挤在方形面饼上并将另一张方形面饼放在馅的上面，就像一个三明治一样。

点缀上蔬菜什锦和少许冷榨橄榄油。

香薄荷面包布丁配蘑菇、马背奶酪和新鲜的圣女果

Savory bread pudding with mushrooms, caciocavallo cheese and fresh cherry tomatoes

难度系数1

4人配料
制备时间：40分钟（20分钟准备+20分钟烹饪）

100克面包，将面包放在烧木材的烤炉里烤（约3杯小面包块）
20毫升特级初榨橄榄油
20克韭菜（切碎的韭菜）
60克马背奶酪
100克野生蘑菇
20克切碎的欧芹
125毫升牛奶
1个鸡蛋
30克帕马森干酪
依个人口味加盐和胡椒

点缀
200克圣女果（约12个）
4克切碎的欧芹
15毫升特级初榨橄榄油

制作方法

将韭菜细细切碎并将其放在油里炖，然后加入蘑菇和切碎的欧芹。在蔬菜里加入少量的盐，煮几分钟。加入面包（去掉面包皮的面包块）和切成小块的奶酪。给每个烤盘涂上油并将做好的混合物放在烤盘里。

将鸡蛋与牛奶和磨碎的帕马森干酪一起搅拌均匀。加盐和胡椒调味并将其倒在面包混合物上。将混合物放在160℃的烤箱中烘焙20分钟。

将圣女果冲洗干净并对切，在油里翻炒并依个人口味加盐调味。在面包布丁上放圣女果和切碎的欧芹点缀。

马背奶酪

在美食王国，一些最美味的产品的名字听起来都怪怪的，然而它们却反映出这些产品的神秘起源。马背奶酪就是个典型的例子——它是一种半硬质奶酪，形状像梨或长颈瓶，大概是世界上最古老的“有弹性的”奶酪——自中世纪时起，人们便开始制作这种奶酪了。一些人认为，马背奶酪的名字源于这样的传统：将两块奶酪系在一起，并将它们悬挂在一根杆子或横梁上令其熟化，于是便产生了“马背上的奶酪”这一称呼。另一些人则认为马背奶酪源自牧人的一个习惯：当牧人们从山上牧场放牧回来时，常将一对奶酪系在马鞍上。但最佳的解释也许是最离奇的：马背奶酪的名字源于一张邮票或一个印章，上面描绘的是在那不勒斯王国的统治下，奶酪上的一匹马。不论关于奶酪的故事是怎样的，数个世纪以来，马背奶酪被证明是意大利人最喜欢的食物。

虾和扇贝煲

Shrimp and scallop casserole

难度系数2

4人配料
制备时间：1小时30分钟（1小时准备+30分钟烹饪）

300克扇贝
100克虾，洗净、去壳
1个蛋白
60毫升高脂浓奶油
20毫升特级初榨橄榄油
依个人口味加盐和胡椒
4片皱叶甘蓝叶
40克胡萝卜
40克甜椒（约半个甜椒）
40克西葫芦（约半个西葫芦）

制作方法

将扇贝洗净，加入盐和胡椒，将其浸泡在少量橄榄油中。

将6只虾（将剩下的虾留着备用）与蛋白和奶油混合在一起并搅拌均匀，确保所有原料是非常凉的。加盐和胡椒调味。

用盐水煮甘蓝叶。滤掉水分，让其冷却并放在纸巾上沥干。将甘蓝叶垫在涂有油的烤盘中。

将其他的蔬菜切成小长条并在盐水中煮。滤出蔬菜中的水分并将它们放凉。

滤出扇贝中的水分并将扇贝和蔬菜一起加到对虾慕斯中。将它们倒进烤盘中，将甘蓝叶折叠，盖住混合物。

将烤箱预热到150℃，将水浴的虾和扇贝煲放在烤箱中烘焙30分钟后取出冷却，再将其切成片并端上桌。

甘蓝

《烹饪之书》是意大利最古老的烹饪书籍，可以追溯到4世纪早期，甚至是3世纪晚期。《烹饪之书》的开篇，介绍了普通但却美味的甘蓝的各种做法，这进一步证明了在过去的厨房里，甘蓝是多么的受人喜爱。事实还远不止于此，一名来自那不勒斯安茹王宫，有着上层阶级教育背景的匿名厨师对《烹饪之书》一书进行了编辑。这在意大利烹饪史上是一个非常普遍的现象——似乎对穷人来说，这种美食及其他昂贵的食物（如松露或昂贵的香料等）是他们命中注定无福享用的，只有富人才可以享受这些美食。但这种风格的美食学却将意大利烹饪法与欧洲的其他烹饪法区别开来，它标志着对大地孕育的非凡果实的欣赏，因为这种果实超越了阶级的界限——无论是富人还是穷人，也无论是贵族还是普通百姓，所有人都可以一饱口福。

烤苦苣配奶油韭葱酱

Baked endive with creamy leek sauce

难度系数1

4人配料
制备时间：35分钟（20分钟准备+15分钟烹饪）

350克苦苣（8片苦苣叶，铺在烤盘里）
50毫升特级初榨橄榄油
50克新鲜的面包屑
1瓣蒜
20克盐渍凤尾鱼
30克帕马森干酪
依个人口味加盐和胡椒

制作方法

将苦苣洗净并在盐水中煮几分钟。滤掉多余的水分并将其放在冰水中冷却。

将凤尾鱼洗净并加入蒜和橄榄油烹饪，直到将鱼肉炖烂为止。挤出苦苣中的水分，令其变干并将其加到凤尾鱼中。加盐和胡椒调味，将所有原料放在一起烹饪几分钟，好让所有原料的味道都融进来。将锅从火上取下，加入面包屑和帕马森干酪。

用水焯一下放在一旁备用的8片苦苣叶，将它们铺在涂好油的烤盘里。将苦苣和凤尾鱼的混合物放在苦苣叶里并用苦苣叶包住混合物。将混合物放在160℃的烤箱中，用水浴法烘烤15分钟。

将韭葱的葱白部分洗净并切成细条。将其与牛奶一起放入锅中，在小火上炖15分钟左右。依个人口味加盐和胡椒调味。

将烤好的苦苣从烤盘中取出，与韭葱酱一起端上桌。如果您喜欢，还可以用炸过的韭葱做点缀。

残羹文化

在20世纪中期以前，意大利一直是一个仅能维持生计的经济体，在这种情况下，充分利用所有的农产品和食物是至关重要的。在农耕文化中，为了让面包的保存时间能更长些，人们想出各种方法来改造和处理面包（这种美味的食物）。意大利的每个地区都有重新利用不新鲜的面包的传统秘方。将面包碾成面包碎、切成面包片、在液体中浸泡，以各种令人难以置信的方法对其进行调味，使其变得更加美味，改造后的面包又可以成为一顿饭的核心或配菜不可或缺的一部分。穷人们吃的又黑又硬的面包被巧妙地转变成真正的美味。充分挖掘每种可吃的东西的价值是必要的，而意大利人更进了一步，将食物变成了美食，这是很值得称赞的。

复活节奶酪面包

Easter cheese bread

难度系数1

4人配料
制备时间：2小时10分钟（1小时30分钟准备+40分钟烹饪）

325克面粉
120克佩科里诺奶酪，磨碎（20克的奶酪撒在食物上）
50克佩科里诺奶酪，切成小方块
90克黄油（15克黄油涂在烤盘上）
25克布鲁尔酵母
7克发酵粉
100毫升水
4个鸡蛋（其中1个鸡蛋用来做鸡蛋液）
50克面包屑
依个人口味加盐和胡椒

制作方法

在鸡蛋中加入奶酪和少许盐、胡椒并搅拌均匀。加入75克化开的黄油和酵母（在温水中化开）。掺入面粉和发酵粉。

将油涂在4个烤盘上并在上面撒上一层面包屑。将生面团放入烤盘中，不能超过烤盘容量的一半。

让生面团发起来，直到发到原来的两倍大。在每个面团上面刷上一层搅匀的蛋液。撒上现磨的胡椒和3汤匙磨碎的佩科里诺奶酪。先将烤箱预热到180℃,再将混合物放在烤箱里烘焙40分钟左右。

宗教仪式上用的食物

上千年的饮食文化总是与农历和宗教上的礼拜仪式紧密地联系在一起。毫无疑问，在意大利天主教传统中，复活节是一年之中最重要的节日。从人类学的角度来说，仪式性主要是通过食物而进入到家庭环境中来的。饮食习惯不时地打断年度节奏和生活节奏，同时也将原型象征传给了住在同一社区的人们，在潜意识里，他们通过准备、制作和品尝节日盛宴来接受这些象征符号。显然，复活蛋是复活节庆典中最主要的象征符号和食物。毫无疑问，不论是作为复活节的主人公，还是作为诸多原料中的一种，它都会在宗教庆典的食谱中出现。复活蛋是创世和重生的一个普遍象征——这也许是因为人们认为鸡蛋是人类最初的原始种子，本身是完整的，在本质上来说也是完整的——体现了已形成的完整生活和有可能实现的生活。随着时间的推移，复活蛋的意义也发生了变化，但其重要地位却始终没变，它被人们看作复活节的象征。如今，它已不再仅仅局限于宗教上的象征意义了，而是象征着繁荣、快乐与重生。

第一道菜

我们该如何定义第一道菜？我们怎样才能将意大利第一道菜的概念传递给非意大利人？我们该如何解释哪些属于、哪些不属于意大利第一道菜的范畴？深思熟虑之后，我们发现这些问题看似简单，但事实上却很复杂。总的来说，汤类属于意大利第一道菜的范畴，但以鱼为主要食材做出的汤则不属于，因为它们通常被列为一道主菜。近来，餐厅往往将粥归为主菜、配菜或开胃菜，粥的主要原料是谷物和水。然而，任何一个意大利人都会立即告诉您某种菜应该被划分到哪个类别中。事实上，理想大餐的结构是一种本能的反应（其他任何一种饮食习惯亦是如此）——这种由规则和看不见的联系所构成的网络体系赋予吃的行为以秩序感。可以说，这种通过经验和实践而获得的本能的饮食习惯就像母语一样被吸收，给人以个人和集体的归属感、身份感。

也许我们从未认真思考过，但每个民族、每种文化、每个历史时期都有着自己独特的饮食习惯。我们要探讨的并不仅仅局限于从我们可获得的各种可以吃的东西中选择食物的行为，而是在食物摄入的过程中所形成的真实习惯和做法。当人们蹲在地上、坐在椅子或长凳上时，当人们躺下或站起时，是在吃东西吗？他们是匆匆忙忙地吃还是慢慢地享用？他们是用公用的大浅盘来盛菜并用手吃，还是每人用一个银盘子？“典型”大餐是和他人一起享用还是独自享用？一顿饭是否包含好几道菜，且这些菜都是按一定的层级体系安排的吗？还是我们从几种菜品中挑选出任何吸引我们眼球的种类？对这些问题的反应可以让我们对食物进行更深入的思考，不仅从烹饪史的角度进行思考，还从生活方式和生存方式这种更深层次的角度进行思考。也许更有意义的是，思考在过去的几十年中，什么变了，什么消失了。

遵循这一思路，我们发现，意大利的理想大餐是独一无二的。与世界上的大部分地区（或许是世界的其他地区）不同，意大利餐主要分为两个部分，从营养的角度来说，这两部分在本质上完全相反。它们在地位上是平等的、互补的，与它们相比，其他东西都黯然失色了。这就好比太阳系的行星围着两个太阳转，或一个君主制国家同时由两位国王统治。第一道菜和第二道菜的定义是指它们被端上桌的时间顺序，而不是像看上去的那样按等级分类。

例如，在盎格鲁-撒克逊文化中，只有一道主菜，而其他的菜都是围绕它上的配菜。我们该如何解释意大利美食体系中的这种反常现象呢？

第一道菜和第二道菜这两个截然不同的烹饪主角共同主宰着餐桌的事实使意大利餐独具特色，

可以很快被人们辨认出来。但是，导致这种奇怪结构的历史原因是什么呢？为了寻找答案，我们需要回到过去。我们可以假设意大利美食特色源自这样的事实：它接受了两个不同的烹饪传统（来自古典文化的传统和来自德国/凯尔特文化的传统）并拥护它们。数百年来，这两种不同的烹饪传统和谐共存，相互渗透并相互融合，没有一方压倒另一方的情况出现。以“谷物一橄榄一葡萄”三位一体为中心，人们建立了希腊一罗马式的文化（基督教的出现促进了这种文化的发展），因此，其烹饪习惯主要以植物制品（如谷物、豆类、蔬菜和橄榄油等）为主并配以少量的脂肪和蛋白质（奶酪和肉类，主要指绵羊肉、家禽肉或兔肉），这样营养便更均衡了。公元3世纪时，德国人和凯尔特人已经开始接触了，并与罗马帝国交战。他们战胜并取代了古代以拉丁血统为主的统治阶级并带来了完全不同的烹饪传统。他们喜欢未开垦的土地，知道如何充分利用土地（野味、灌木、根茎和浆果），他们在森林里饲养野生动物（尤其是猪）。他们将红肉看作每顿饭的核心，因此对于好战的德国部落来说，对肉的摄取象征着生育力、权力、力量和勇士的狂热，这绝非巧合。尽管他们不熟悉葡萄酒，但他们却喝大量的牛奶及其酸性衍生物和麦酒（啤酒的先驱），他们还用黄油和猪油来做饭和涂抹。

总之，这两种烹饪文化自相遇到相互影响已经历了数百年的历史，但在意大利人的餐桌上，它们却在某种程度上达成了和解。如今，这一平衡状态依然体现在两种不屈不挠的菜式间的和平共存上。第一道菜是地中海沿海多种文化相融合的最终产物。同时，它体现了源于贫困的流行传统，并以利用天然物产为基础。相反，第二道菜则代表了德国和凯尔特文化，更关心肉和鱼的摄取，这些食物往往是留给上层阶级享用的。

如今，第一道菜已经被改进了，它包罗万象，象征了意大利半岛复杂的烹饪史。第一道菜包括汤类、炖煮的菜肴、烘焙的意大利面食、新鲜的意大利面食、填馅的意大利面食及一系列非意大利面的面食，如意大利汤团、意大利饺子、帕沙堤利清汤和这个主题下的无数种变换菜式。总之，人们可以从各个不同的角度来诠释第一道菜，这些解释可与意大利丰富的烹饪传统相媲美，象征了意大利真正独具特色的烹饪文化。

环形意大利面配剑鱼、菊苣和腌鱼子

Anelli giganti pasta with swordfish, chicory and cured fish roe

难度系数1

4人配料
制备时间：40分钟（20分钟准备+20分钟烹饪）

350克大圆环形状的意大利面
1个新鲜的剑鱼鱼排（约240克）
400克菊苣
80克腌鱼子
6~7片细香葱叶，切碎
5克切碎的欧芹
50毫升白葡萄酒
50毫升特级初榨橄榄油
依个人口味加盐和胡椒

制作方法

用盐水煮面。

将菊苣洗净并用盐水焯一下。在菊苣还脆爽时滤去水分并迅速将其放在冰水中冷却。然后将菊苣切碎。

将剑鱼鱼排切成小方块，油置于不粘锅中，烧热，将鱼块放在油里煎至焦黄。倒入葡萄酒，让其完全蒸发掉。加入菊苣并依个人口味加盐和胡椒调味。然后加入欧芹、细香葱及一满勺煮意大利面的水。

当面变得咬起来有嚼劲时，滤去水分并加入酱汁。将磨碎的金枪鱼鱼子覆在每份面上。

鱼子

鱼子是一种非常特殊的食物，是撒丁岛的一大特色。它的起源似乎可以追溯到几千年前，即腓尼基人在撒丁岛开拓殖民地的时代。但这充满鱼腥味的琥珀色物质却从非常喜欢吃鱼子的阿拉伯人那儿得到了它的意大利名字（腌金枪鱼子）。腌金枪鱼子似乎源自“battarikh”这一术语，意为“咸鱼子”。古代渔民非常聪明，他们取出雌性鲻鱼的卵巢囊（在鲻鱼怀有上千个卵的季节），然后将盐撒在鲻鱼上并将其晒干。鲻鱼常被切成薄片或被细细切碎，与蔬菜、当地的传统面食，甚或与第二道菜一起享用。实际上撒丁岛的腌金枪鱼子是属于这种性质的唯一产品，在味道上能与鱼子酱相媲美。

意大利面配剑鱼、圣女果和野茴香

Bavette pasta with swordfish, cherry tomatoes and wild fennel

难度系数1

4人配料
制备时间：30分钟（20分钟准备+10分钟烹饪）

300克意大利面
300克剑鱼
300克圣女果（约18个）
40毫升特级初榨橄榄油
1瓣蒜
依个人口味加野茴香
依个人口味加盐、胡椒和红辣椒

制作方法

将剑鱼切成小块，在不粘锅中放少量油，将鱼块放在油里煎至焦黄。依个人口味加盐、胡椒和野茴香调味。

用剩下的油分别炒蒜瓣和红辣椒，将圣女果切半并加到里面，依个人口味加盐调味并煮几分钟。最后，加入鱼。

用盐水煮意大利面，待面变得咬起来有嚼劲时滤掉水分。将面和酱汁加到锅里，将所有原料都放在一起煮几秒钟，搅匀并端上桌。

剑鱼

捕剑鱼是一种有着数百年悠久历史的传统仪式。人与鱼之间的战争是真实的：拿着鱼叉的人出海追捕地中海的“王子”（地中海剑鱼的鱼身最长可达3米，重量最高达350千克）。在繁殖季节，即6月到8月，剑鱼开始了到地中海海岸的长距离迁移。这是渔夫出海的好时机，他们乘坐着经过特殊设计的船只，准备捕鱼。位于瞭望台的瞭望者将其看到的剑鱼的情况报告给船上其他的人。据传，意大利语的发音会将剑鱼吓跑，因此西西里岛和卡拉布里亚的渔民在出海时只说希腊语，他们使用通用的标准化短语。他们不但相信希腊语不会吓跑剑鱼，而且他们还相信，事实上，这种古老的声音会吸引剑鱼，就如同施魔法一样。

蚯蚓状意大利面配鱿鱼和来自马丁纳弗兰卡的意大利萨拉米香肠

Capunti pasta with calamari and capocollo salami from martina franca

难度系数2

4人配料
制备时间：1小时6分钟（1小时准备+6分钟烹饪）

意大利面食
300克用杜伦小麦新磨制的粗粒小麦粉
150毫升温水
依个人口味加盐

鱿鱼酱
350克中等大小的鱿鱼
120克意大利萨拉米香肠，将其切成约0.8毫米厚的薄片
100克洋葱（约1.5头小洋葱）
500克番茄（约3个大番茄）
50毫升特级初榨橄榄油，最好是利古里亚牌橄榄油
3~4片罗勒叶
5克切碎的欧芹
1瓣蒜
依个人口味加盐

制作方法

将粗粒小麦粉和温水混合在一起直到面粉被揉成光滑而富有弹性的面团为止。包上保鲜膜并放在冰箱里冷藏15分钟。

将生面团揉成手指厚的长条形并斜切成约5厘米长的面片。在撒有一层薄面的案面上将面片来回滚动，用三个手指用力压。

剥掉洋葱皮并将洋葱切碎，然后在平底锅里洒一些橄榄油，炒洋葱。

将鱿鱼洗净并切成圆形的薄片，将鱿鱼的触角切半。将鱿鱼加到洋葱中与洋葱一起炒。

将番茄洗净、去籽，并将其切成丁。在一个大碗中，将番茄和橄榄油、整瓣蒜（去皮并捣碎）、罗勒叶（大致切碎）和少许盐混合在一起。将这些混合物加到鱿鱼中，并将所有的食材放在一起烹饪15分钟。

将意大利萨拉米香肠切成薄片并用少量油煎至焦黄。

将面食放在盐水里煮，待面变得咬起来有嚼劲时滤掉水分。加入鱿鱼酱，撒上欧芹，与头颈肉一起端上桌。最后在上面洒点冷榨橄榄油。

形式与内容

数百年来，形式与内容的共性或差异一直是哲学讨论的对象。但当谈到意大利面时，人人都会无所畏惧地告诉你形式和内容似乎是一致的。在形状和味道方面，意大利面食有着无数种潜在的变化形式，但每种面食在味道、稠度、厚度和表面纹理上都有着显著的差异。事实上，似乎每种面食都独具特色，这取决于创作它的人。从蚯蚓状意大利面到特洛飞面，再到圆面、野草面或可爱的蝴蝶结面，事实上，从这些被做得非常精致的面食中我们可以了解到意大利人的性格特点。

特拉帕尼古斯古斯面

Trapanese couscous

难度系数2

4人配料
制备时间：3小时（1小时准备+2小时烹饪）

300克用杜伦小麦磨制的粗粒小麦粉做的古斯古斯面（或预先煮好的古斯古斯面）
1千克用来做汤的鱼（鲉鱼、海鲂、墨鱼等）
400克成熟的番茄（约3个中等大小的番茄）
250克贻贝
250克蛤蜊
4只虾
300克洋葱（约4.5头小洋葱）
80克胡萝卜（约1.5根小胡萝卜）
70克芹菜（约2根芹菜，芹菜梗的长度为中等长度）
2瓣蒜
依个人口味加欧芹
依个人口味加红辣椒
半片月桂叶
60毫升特级初榨橄榄油
依个人口味加盐

制作方法

做古斯古斯面时，先将粗粒小麦粉放在一个碗中，再慢慢地倒入水，每次倒1汤匙。用手指将面粉和水混合在一起，直到面粉凝集成小块。加入几汤匙橄榄油，用双手搓面，直到形成均匀的古斯古斯面颗粒。在一锅水中加1汤匙橄榄油，并将水煮开。将古斯古斯面放在过滤器里并将过滤器放在锅的上方。用锅盖盖住过滤器，将古斯古斯面蒸大约2个小时，不时地用叉子叉，使面变得松软而不粘在一起。如果您用的是预先煮好的古斯古斯面，则略去这一步。

将鱼洗净、去鳞、冲洗并将鱼刺剔掉。将贻贝擦净并彻底冲洗。用大量的水冲洗蛤蜊并冲洗干净。

将鱼不要的部分（头和鱼刺）和半片月桂叶、一整根胡萝卜、一根芹菜梗和150克洋葱（约2头小洋葱）一起放进一个锅里。倒入冷水，让水没过混合物，煮至沸腾。做好的鱼肉汤在使用之前需要过滤。

将蛤蜊和贻贝放在锅里，加1汤匙橄榄油。煮到蛤蜊和贻贝都开口为止，去掉蛤蜊壳和贻贝壳。

将蒜、辣椒、剩下的洋葱和欧芹切碎。加热锅里的橄榄油，并用油炸它们，趁它们还没被炸成焦黄色时将其取出。烹煮混合物，加入番茄（去皮、去籽并将番茄切丁）。几分钟之后开始加鱼肉，先加入那些最不易煮熟的部分。加入滤去鱼肉的鱼汤及滤去蛤蜊和贻贝的煮液。加入盐调味并停止烹煮。最后加入虾、蛤蜊和贻贝，然后依个人口味加盐调味。

将古斯古斯面放进一个大容器中并以1:1的比例加入热鱼汤。搅拌均匀并用保鲜膜包好，确保封严。将其静置30分钟。用叉子使古斯古斯面变得松软，加入鱼酱并端上桌。

花椰菜浓汤配松脆的面包和核桃仁

Creamed broccoli with crunchy bread and walnuts

难度系数1

4人配料
制备时间：1小时5分钟（20分钟准备+45分钟烹饪）

500克花椰菜
600克马铃薯（约3个中等大小的马铃薯）
100克洋葱（约1.5头小洋葱）
1.5升水
60克不新鲜的面包
4个核桃仁
10毫升特级初榨橄榄油
依个人口味加盐和胡椒

制作方法

将花椰菜和马铃薯切成小块并将洋葱切成薄片。

将蔬菜和水放在一个炖锅里煮，将它们煮成浓汤。若有必要，用少量的水稀释浓汤，依个人口味，放入盐和胡椒。

将面包切块并放在不粘锅里用少量橄榄油炸。

将酥脆的面包及少量核桃仁覆在花椰菜浓汤上并端上桌。

蔬菜汤

在过去，食物常常是个人身份和社会归属感的象征，从某种程度上来说，现在亦是如此。在中世纪，当时的医学科学理论认为，对于神职人员来说，某些食物会带来诱惑并引发不恰当的行为。因此，用修道士在修道院的花园里自己种植的蔬菜做成的蔬菜汤成为修道士生活中最基本的菜肴。权贵们通过（丰富、罕见、新颖的）食物来炫耀他们的社会地位，而农民和普通百姓在这个问题上却毫无选择，只得吃粗糙而简单的食物。处于这两个极端中间的，尽量远离且与这两个极端相区别的是教会里的人，他们与美食划清界限，认为这象征着对信仰的虔诚。总之，正如食物历史学家马西莫·蒙塔纳里所强调的那样，在中世纪，“就连饥饿也成了一种奢侈品”。

茄子泥配大麦和西葫芦

Eggplant purée with orzo and zucchini

难度系数1

4人配料
制备时间：1小时10分钟（30分钟准备+40分钟烹饪）

500克茄子（约1个中等大小的茄子）
150克马铃薯（约1个小马铃薯）
100克洋葱（约1.5头小洋葱）
200克珍珠大麦
100克西葫芦（约半个中等大小的西葫芦）
1瓣蒜
依个人口味加鼠尾草、百里香和迷迭香
1.5升蔬菜汤
依个人口味加盐和胡椒

制作方法

茄子去皮（将茄子皮放在一旁备用，随后将其切成丝并炸一下做装饰用），切成丁。撒上盐并将其放在滤器里静置至少15分钟，使有苦味的液体滴下。

同时，将洋葱大致切碎，加入蒜和香草炒。加入茄子，将茄子炒至焦黄，然后加入马铃薯，加入盐和胡椒调味并倒入蔬菜汤。然后将所有食材打成泥状。

倒入大麦，让它在蔬菜泥里煮，如有需要，加入更多的蔬菜汤。

将西葫芦切成丁，炒西葫芦丁并将其加到蔬菜泥中。

大麦煮熟后，端上蔬菜泥。用切成细丝的炸茄子皮做装饰。

大麦

在小麦成为主要作物之前，大麦在整个地中海地区十分流行，这是因为它对恶劣的地形有着很好的适应能力，地形状况恶劣是该地区的典型特征。在意大利半岛，大麦（大麦汤）要比其他谷类流行，如今人们认为其他谷物"质量差"，也许这是不公平的。古希腊人用大麦做成汤和粥，大量食用。至少根据老普利尼在他的著作《博物史》中所描述的，罗马斗士的饮食也以大麦为主，这是因为大麦热量高，是很容易消化的谷物。在意大利，大麦仍是常见的食物，这是因为大麦是制作传统菜肴的重要原料；它的再次流行还要归因于它的营养价值。大麦用途广泛，可以成为美味的汤、粥、香草橄榄油面包、麦仁（用大麦做的意大利调味饭），甚至新鲜沙拉的主要原料。

意大利宽面条配蔬菜番茄肉酱

Fettuccine in vegetable ragù

难度系数2

4人配料
制备时间：44分钟~46分钟（40分钟准备+4~6分钟烹饪）

意大利面
300克意大利“00号”面粉
3个鸡蛋

酱汁
150克番茄（约1.5个小番茄）
50克韭葱（约半根中等大小的韭葱）
50克茄子
50克西葫芦（约半个小西葫芦）
50克黄甜椒（约半个小黄甜椒）
50克胡萝卜（约1根小胡萝卜）
50克芹菜 （约3根芹菜，芹菜梗的长度为中等长度）
25克豌豆
6片罗勒叶
50毫升特级初榨橄榄油
依个人口味加盐和胡椒

制作方法

将面粉和鸡蛋混合在一起，直到面粉被揉成光滑匀净的面团为止。用保鲜膜将面团包好，放在冰箱里冷藏30分钟。

用擀面杖或压面机将面团擀成1.5毫米厚的面片，切成6毫米宽的带状。

同时，将所有的蔬菜洗净。将茄子切成丁，撒上盐，挤去汁液。将胡萝卜、芹菜、甜椒和西葫芦切成丁。

将豌豆放在放有少量盐的水里煮。

将韭葱的葱白部分切成圆形的薄片，放少量橄榄油，与芹菜和胡萝卜一起炒。加入其他蔬菜，注意各种蔬菜的烹饪时间是不同的，依个人口味加盐调味。加入番茄（去皮、去籽，切丁）。将所有食材多煮几分钟，最后用大致切碎的罗勒叶调味。

将意大利面放在盐水中煮并与蔬菜番茄肉酱放在一起搅拌。在上面撒上现磨的胡椒并端上桌。

撒丁岛金枪鱼鱼子意大利面配鲻鱼、蛤蜊和野茴香

Fregola sarda pasta with mullet, clams and wild fennel

难度系数1

4人配料
制备时间：1小时30分钟（1小时20分钟准备+10分钟烹饪）

250克撒丁岛金枪鱼鱼子意大利面
4条鲻鱼，每条约150克
800克樱蛤
300克李子形番茄（约5个）
20克野茴香
1瓣蒜
50毫升白葡萄酒
100毫升特级初榨橄榄油
依个人口味加盐和胡椒

汤
50克洋葱（约2头小洋葱）
70克芹菜（约2根芹菜，芹菜梗的长度为中等长度）
500毫升水

制作方法

将鲻鱼去鳞，洗净，剔掉鱼刺。将鱼头和鱼刺放在一旁备用，将鲻鱼放在锅中，加入蔬菜和水炖成汤。用小火将汤炖1个小时左右。

冲洗蛤蜊并彻底冲洗干净。将它们放在锅里，加入少许油、整瓣蒜和葡萄酒。盖上锅盖将蛤蜊煮几分钟，直到蛤蜊都张口为止。将$\frac{2}{3}$的蛤蜊从锅中取出并滤去汤液。

待汤好后，用细滤网滤出，并将约400毫升的汤倒入锅中。再次将汤煮沸，加入少许盐。小心地将意大利面加到汤中，煮10分钟。

将鲻鱼切成厚片，油置平底锅中，烧热，将鲻鱼煎至微焦。加入番茄（去籽，切成4份）、蛤蜊和手撕的茴香。依个人口味加盐和胡椒调味，然后添入煮蛤蜊的汤液。将酱与意大利面搅匀（如果您喜欢，加入少量汤，让面变得更加柔软滑腻）并端上桌。

茄子汤团配大西洋鲣鱼、帕基诺番茄和特罗佩阿洋葱

Eggplant gnocchi with atlantic bonito, pachino tomatoes and crispy tropea onion

难度系数2

4人配料
制备时间：1小时16分钟（1小时10分钟准备+6分钟烹饪）

汤团
1千克茄子（约2个中等大小的茄子）
200克通用面粉
180克面包屑
1个鸡蛋
依个人口味加盐和胡椒
30毫升橄榄油

酱汁
250克大西洋鲣鱼鱼片
200克帕基诺番茄（约2个大番茄）
1瓣蒜
50克特罗佩阿洋葱（约2头小洋葱）
4克新鲜的百里香
80毫升特级初榨橄榄油
80克面粉
100毫升牛奶
油炸用的橄榄油

制作方法

用马铃薯削皮器将茄子去皮并将一些茄子皮放在一旁备用（随后将其切成丝并炸一下，做装饰用）。将茄子切成2~3厘米厚的厚块，撒盐并用20分钟的时间滤去茄子渗出的水分，将橄榄油均匀地涂在茄子块上。将烤箱预热到150℃，然后将茄子放到烤箱中烤45分钟。

待茄子烤好后，将茄子转移到食品加工机中，将它们搅拌至奶油般细腻均匀。将其转移至另一个容器中并让其冷却。将其与其他制作汤团的原料快速混合在一起。待生面团准备好以后，将面团揉成直径约为2厘米的圆柱形，并将其斜切为长2厘米的圆柱形小面团。

将鱼肉切成小方块并与百里香和整瓣蒜一起烧至焦黄。加入番茄（洗净、去籽并切成4份）并将所有食材烹煮几分钟，然后将其从火上移开。

将洋葱切成丝并将其放在牛奶里浸泡几分钟。滤掉牛奶，将洋葱放在面粉里蘸一蘸，移至沸油里炸，直至变得脆爽可口。

用盐水煮汤团，待面团一浮到水面，便用滤勺将它们取出，滤掉水分。将它们涂上酱并和酥脆的洋葱一起端上桌。

马铃薯汤团配番茄和罗勒

Potato gnocchi with tomato and basil

难度系数2

4人配料

制备时间：1小时19分钟~1小时20分钟（1小时15分钟准备+4~5分钟烹饪）

汤团

800克马铃薯（约4个中等大小的马铃薯）
200克意大利“00号”面粉
1个鸡蛋
依个人口味加盐

番茄酱

1.2千克成熟的番茄（约6.5个大番茄）
50毫升特级初榨橄榄油
150克洋葱（约2头小洋葱）
40克帕马森干酪，磨碎
1束罗勒
5克糖（可选）
依个人口味加盐

制作方法

先将没有加盐的冷水放入锅中，再放入马铃薯煮。当马铃薯变软时，为马铃薯去皮，并在一个平滑的操作台上将其捣成马铃薯泥。筛面粉，将筛过的面粉与马铃薯泥混合在一起，加入鸡蛋和少许盐。用手揉生面团，直到面团变得光滑而富有弹性。将面团揉成直径约为1.5厘米的圆柱形，并将其斜切为长约2厘米的圆柱形小面团。让每个小面团滚过叉子或做汤团用的木板，这样独具特色的脊状凸起便形成了。

将番茄冲洗干净，去蒂，在每个番茄的底部切一个“X”形，将它们放入沸水中，约10秒钟后，迅速转移到冷水中。当番茄变凉以后去皮并将它们切成4份。轻轻挤压去籽。

将洋葱细细切碎并用$\frac{4}{5}$的橄榄油炒洋葱。稍后，加入番茄和一半的罗勒。将蔬菜酱煮15~20分钟，然后取出罗勒并将蔬菜酱放在蔬菜榨汁机里。加入少量的冷榨橄榄油提味。如果蔬菜酱太酸，可加少许糖。

用盐水煮汤团，待汤团一浮到水面，便用滤勺将它们取出。将番茄酱涂在汤团上，并将罗勒（用手撕）和磨碎的帕马森干酪撒在汤团上，就可以上菜了。

汤团

虽然汤团并不是“真正的”意大利面，但作为第一道菜，它仍非常受人们欢迎。在中世纪，将面粉或面包屑与鸡蛋和奶酪混合并在水中煮熟就做成了小面丸子。在现代，当马铃薯被引进到意大利美食文化中时，含淀粉的块茎成为汤团的主要原料。甚至连汤团这个名字也随着时间的推移而发生了变化——事实上，它最初被称为马卡罗尼通心面（这一术语源自“macco”这个单词，“macco”又源自“ammaccato”，意思是“被碾碎的”），它深受意大利南方农民的喜爱，成为他们餐桌上的常菜。

意式扁面配蚕豆、橄榄和鳕鱼

Linguine with fava beans, olives and hake

难度系数1

4人配料
制备时间：58分钟（50分钟准备+8分钟烹饪）

350克意式扁面
200克新鲜蚕豆
250克鳕鱼鱼片
50克黑橄榄（约12颗大的黑橄榄）
30克洋葱（约半头小洋葱）
1瓣蒜
4克切碎的欧芹
40毫升特级初榨橄榄油
依个人口味加盐和胡椒

蔬菜汤
500毫升水
75克洋葱（约1头小洋葱）
40克胡萝卜
30克芹菜（约1根芹菜）

制作方法

蔬菜汤的做法：将蔬菜放到冷水中。用水煮大约30分钟，然后滤去蔬菜中的水分，放在一旁备用。

将洋葱细细切碎，放入一整瓣蒜，用油炒洋葱。当洋葱变成金棕色以后，加入剁碎的鳕鱼并用盐和胡椒调味。将蚕豆焯一下去皮并加到酱中。添入足够的蔬菜汤，让汤没过所有食材，煮10分钟。最后加入去了核并大致切碎的橄榄。

用盐水煮意大利面。当面变得咬起来有嚼劲时，滤掉水分并将其和酱一起转移到平底锅中。将所有食材烹煮1分钟，搅拌均匀。

在每份食物上撒上切碎的欧芹和现磨的胡椒并在上面淋上冷榨橄榄油。

鹰嘴豆汤

Chickpea soup

难度系数1

4人配料
制备时间：1小时40分钟（10分钟准备+1小时30分钟烹饪）

400克干鹰嘴豆
100克洋葱（约1.5头小洋葱）
2升蔬菜汤
40克帕马森干酪
50毫升特级初榨橄榄油
1束鼠尾草
依个人口味加盐和胡椒

制作方法

将鹰嘴豆在冷水中浸泡12个小时。滤去鹰嘴豆中的水分并将其与鼠尾草、橄榄油和切成薄片的洋葱一起放在锅里。将它们搅匀，加入蔬菜汤，用小火煮一个半小时。快煮熟时加入盐调味。

如果您喜欢比较柔滑的浓汤，就先将一些鹰嘴豆打成泥，然后再将它们倒回汤中。

将汤和磨碎的帕马森干酪、现磨的黑胡椒和少量冷榨橄榄油一起端上桌。

鹰嘴豆

与起源于欧亚的所有豆类一样，数万年来，鹰嘴豆一直是人们的食物。古典时期是鹰嘴豆的黄金时代。希腊人非常喜欢吃鹰嘴豆，罗马人也以许多种不同的方式来食用它们。诗人贺拉斯证明了与他同时代的人都非常喜欢一种由街头商贩卖的“鹰嘴豆蛋糕”，这些商贩很会做生意。古罗马人是将豆类煮着吃或烤着吃的，就跟我们吃花生一样。但毫无疑问，豆汤最能体现鹰嘴豆的美味。在意大利，每个地区都有做这道重要的特色菜的独家秘方（做法相对简单，需要添加一种或几种其他原料），在过去的几个世纪里，豆汤是农民们的日常膳食。鹰嘴豆汤可被称为流行的意大利传统美食之王。

猫耳朵意大利面配石首鱼、贻贝、花椰菜和马郁兰

Orecchiette pasta with umbrine, mussels, broccoli and marjoram

难度系数2

4人配料
制备时间：1小时8分钟~1小时9分钟（1小时准备+8~9分钟烹饪）

意大利面
300克用杜伦小麦新磨制的粗粒小麦粉
150毫升水

酱汁
200克石首鱼
250克番茄（约1.5个大番茄）
300克贻贝
200克花椰菜
50毫升白葡萄酒
4克切碎的马郁兰
100毫升特级初榨橄榄油
依个人口味加盐和胡椒

制作方法

将面粉和热水混合在一起，直到面粉被揉成光滑而富有弹性的面团为止。包上保鲜膜并放在冰箱里冷藏15分钟。

将生面团揉成手指厚的圆柱形并将其斜切成约1厘米长的面片。将切好的面片放在操作台上，用黄油刀的圆形刀背在面片上滑。然后用拇指在每片面片的中央按一个坑，这样面片就变成了独具特色的凹形猫耳朵的形状。

将贻贝彻底清洗干净，用刀刮去贻贝表面的脏物并将它们冲洗干净。将其放入锅中，加入白葡萄酒和1汤匙橄榄油。煮贻贝，直到贻贝开口为止，取出一半的贻贝。滤出锅中煮贻贝的液体，放在一旁备用。

将花椰菜洗净并掰成一块块的小朵。用盐水煮花椰菜并迅速将其转移到冰水中冷却。在每个番茄的底部切一个“X”形，焯一下，迅速将它们转移到冷水中。番茄去皮、去籽切成丁。石首鱼去鱼皮、鱼刺，再把鱼肉切成丁。

用少量油煎鱼肉，加入盐和胡椒调味。当鱼煎好后，加入马郁兰、贻贝和煮贻贝的水。然后加入花椰菜和番茄。

用盐水煮意大利面，当意大利面变得咬起来有嚼劲时，将其捞出。拌入酱汁，再加点煮面的水。将所有食材一起烹煮1分钟，搅拌均匀。最后将少量冷榨橄榄油淋在上面。

大麦和豆类配橄榄油、山羊奶酪和香草

Barley and legumes with olive oil, goat cheese and herbs

难度系数1

4人配料
制备时间：1小时10分钟（30分钟准备+40分钟烹饪）+将大麦浸泡24小时

250克大麦
240克新鲜的开普里诺奶酪
60克帕马森干酪，磨碎
50克青葱（约10棵小青葱）
50克胡萝卜（约1根小胡萝卜）
50克西葫芦（约半个小西葫芦）
50克四季豆（约9粒四季豆）
50克芹菜（约3根小茎芹菜）
10克细叶芹
10克野茴香
10克欧芹
6~7片细香葱叶
100毫升特级初榨橄榄油
1.2升蔬菜汤
依个人口味加盐和胡椒

制作方法

将所有蔬菜都切成丁，用少量特级初榨橄榄油炒。烹饪时加几汤匙蔬菜汤并依个人口味加盐调味。

将1汤匙橄榄油和少许黑胡椒与开普里诺奶酪混合在一起。

将大麦浸泡24小时，然后将其放在不加盐的水中煮20分钟。滤去水分并将其放在自来水下冲洗。与意式烩饭的做法一样，将大麦放在有少量油的锅里继续煮，直到咬起来有嚼劲。最后加入蔬菜并依个人口味加盐。

加入剩下的橄榄油、切碎的香草和磨碎的帕马森干酪搅拌均匀。

把1块奶酪、现磨的胡椒和少许冷榨橄榄油覆在每份食物上。

采集香草

自西方文明伊始，植物王国便是女性的天地。采摘来的水果、鲜花、药草、根茎和浆果不仅是家常便饭的重要组成部分，而且还是治疗用的汤剂、浸剂和乳膏的重要原料，它们是女性的好帮手。从这个意义上来说，女性集（现代草药科学之基的）普通药品、烹饪和有关地球的知识于一身。几十年以前，一位名叫梅迪奇纳的智者常常出现在意大利乡村，凭着代代相传的神秘知识，她用自然疗法和一些神奇配方治好了许多常见病。

意大利饺配核桃酱

Pansotti pasta with walnut sauce

难度系数1

4人配料
制备时间：1小时3分钟~1小时4分钟（1小时准备+3~4分钟烹饪）

意大利面食
300克意大利“00号”面粉
2个鸡蛋
50毫升水

馅
150克里科塔奶酪
200克甜菜
150克琉璃苣
1捆混合香草（马郁兰、沙拉地榆、细叶芹、蒲公英）
5克肉豆蔻
2个鸡蛋
60克帕马森干酪，磨碎
依个人口味加盐和胡椒

酱汁
50克去壳的核桃（去壳后约12克）
15克松仁
25克不新鲜的白面包（约1片）
100毫升牛奶
1瓣蒜
4克新鲜的马郁兰
100毫升利古里亚牌特级初榨橄榄油
20克帕马森干酪，磨碎
依个人口味加盐

制作方法

将面粉和鸡蛋混合在一起直到面粉被揉成光滑而富有弹性的面团为止。包上保鲜膜并放在冰箱里冷藏30分钟。

将香草冲洗干净，但不要去掉香草中的水分。将湿的香草放在锅里，加入少许盐蒸。挤出香草中多余的液体并将其细细切碎。

筛里科塔奶酪，掺入香草和鸡蛋。加入磨碎的帕马森干酪和少许肉豆蔻。

用擀面杖或压面机将面团擀成1毫米厚的面片，压成直径为6厘米的圆形。用裱花袋将大约1茶匙的馅挤在每片面皮中央。将饺子皮对折，形成半月形并用手捏边，将饺子馅封好。

将核桃仁煮几分钟，去掉核桃皮。去掉面包皮，将面包放在牛奶中浸泡，然后挤出多余的液体。将所有做酱汁的原料都放在食品加工机中搅拌，直到将混合物搅拌得均匀、黏稠为止。

用盐水煮意大利饺并拌入核桃酱，如有必要加少量饺子汤稀释。用几片马郁兰叶点缀。

面包和番茄汤

Bread and tomato soup

难度系数1

4人配料
制备时间：40分钟（10分钟准备+30分钟烹饪）

200克洋葱（约3头小洋葱）
1.2千克成熟的番茄（约6.5个大番茄）
250毫升水
20克罗勒
3瓣蒜
若干现磨的红辣椒
1条不新鲜的托斯卡纳乡村面包，约400~500克
100毫升特级初榨橄榄油
依个人口味加盐和胡椒

制作方法

将番茄洗净并在每个番茄的底部切一个“X”形。将番茄焯一下，去皮并将它们切成4份。给番茄去籽并将切好的番茄放进蔬菜榨汁机里打成汁。

将洋葱大致切碎，用80毫升的橄榄油将洋葱、一整瓣蒜（随后再取出蒜瓣）和红辣椒一起炒。加入番茄和水，用小火煮。依个人口味加盐和胡椒调味。

将面包切成小块并放到不粘锅里不放油烤。先将番茄煮25~30分钟，然后加入面包和手撕的罗勒。盖上锅盖，让面包变软。

将冷榨橄榄油淋在每份食物上并端上桌。

辣椒

克里斯托弗·哥伦布前往印度去寻找辣椒，却从美洲带回了红辣椒，这似乎有些荒谬。欧洲人之所以发现美洲，在一定程度上是因为他们需要更安全、更快速地获得香料。因为在整个欧洲大陆，香料是贵族大餐中珍贵的基本原料。但哥伦布发现的却不是印度，他带回来的又小又辣的植物也不是普通的辣椒。然而由于红辣椒与普通辣椒的味道相似，且做起来容易（与那些“难做”的香料相比，红辣椒比较好做），因此它很快便传播开来，首先传到了西班牙和葡萄牙，随后又传到了欧洲的其他国家。与美国的其他特产（番茄、甜椒，尤其是马铃薯）不同，只用了几十年的时间，红辣椒便融入到了美食文化中。也许是因为红辣椒非常适合地中海地区的气候，也许是因为红辣椒是所有人都买得起的一种香料，它现在成为做大部分意大利南部美食所不可或缺的一种原料。

兔肉馅方饺配豌豆、罗勒酱

Rabbit ravioli in pea and basil sauce

难度系数2

4人配料
制备时间：53分钟~54分钟（50分钟准备+3~4分钟烹饪）

意大利面食
300克意大利“00号”面粉
3个鸡蛋

馅
100克里科塔奶酪
300克兔肉
50克帕马森干酪，磨碎
4克新鲜的马郁兰
依个人口味加肉豆蔻
依个人口味加盐和胡椒

酱汁
200克豌豆
40毫升特级初榨橄榄油
30克帕马森干酪，切成薄片
依个人口味加盐和胡椒

制作方法

将面粉和鸡蛋混合在一起直到面粉被揉成光滑匀净的面团为止。包上保鲜膜并放在冰箱里冷藏30分钟。

将兔肉切成小块并用盐水煮10分钟。将兔肉碾碎并将其拌入筛过的里科塔奶酪中。加入帕马森干酪、马郁兰和少许盐、胡椒。

用擀面杖或压面机将面团擀成1毫米厚的面片。将其切成8厘米见方的面皮并将1汤匙馅放在每片面皮中央。将方饺皮对折，形成长方形并用叉子封边。

用盐水将豌豆焯一下，加入罗勒叶，30秒钟以后将锅从火上取下来。滤去水分（将滤出的水放在一旁备用）并快速将它们放在冰水中冷却，这样豌豆和罗勒叶就会保持原本的鲜绿色。再次滤去豌豆和罗勒叶中的水分。加入一些之前滤出的水，将它们煮成浓汤，并依个人口味加少量橄榄油、盐和胡椒。用细滤网滤出浓汤。

用盐水煮方饺。捞出方饺，并在上面淋点冷榨橄榄油。将方饺和豌豆酱、帕马森干酪片和现磨的胡椒一起端上桌。

鲷鱼馅方饺配海螺和晒干的番茄

Sea bream ravioli with sea snails and sun-dried tomatoes

难度系数2

4人配料
制备时间：1小时6分钟（1小时准备+6分钟烹饪）

意大利面食
300克面粉
3个鸡蛋
1个蛋白，用来给方饺封口

馅
300克鲷鱼
100克鲜面包屑
50毫升牛奶
40克蛋白
依个人口味加肉豆蔻
依个人口味加盐和胡椒

酱汁
1千克海螺
120克晒干的番茄
150克特罗佩阿洋葱（约2头小洋葱）
10克盐渍凤尾鱼
100毫升白葡萄酒
30克切碎的欧芹
1瓣蒜
50毫升特级初榨橄榄油

制作方法

将面粉和鸡蛋混合在一起直到面粉被揉成光滑匀净的面团为止。包上保鲜膜并放在冰箱里冷藏30分钟。

将鲷鱼洗净、去鳞、去皮、去刺并切成片。将面包屑浸泡在牛奶中并挤出多余的水分。将鱼肉、面包屑和蛋白放在食品加工器里搅拌均匀。将少许盐、胡椒和肉豆蔻加到馅里调味。

将面团擀成1毫米厚的面片，并将搅打好的蛋白涂在一张面片上。用裱花袋将1茶匙的馅挤在面皮中央，约4~5厘米厚。将另一张面片放在馅上并轻轻地在馅周围按，以去掉气泡并给方饺封口。用面团分切机（最好是圆形有凹槽的）切出方饺。

将海螺放在一口装有盐水的锅中煮，当水沸腾以后再煮5分钟。滤去水分并让海螺变凉。用一把小叉子、别针或牙签将海螺肉从壳里取出。

用一半的橄榄油炒细细切碎的洋葱。当洋葱变软时，加入切碎的蒜和凤尾鱼（冲洗干净并剔掉鱼刺）。加入海螺肉，炒至棕黄色。倒入白葡萄酒并让其蒸发掉。拌入欧芹和细细切碎的晒干的番茄。加入大约300毫升的水，并用小火煮酱汁，直到酱汁变得浓稠。

用盐水煮方饺。拌入酱汁，加点冷榨橄榄油并端上桌。

方饺

从美食的角度来说，方饺是一种古老的招牌菜。方饺的名字很可能源自“raviggiuolo”，即一种用绵羊奶或山羊奶制成的奶酪，是很多种馅的主要原料。13世纪的编年史家萨林贝内·德·亚当证实，与包方饺的意大利面皮相比，方饺这一名称似乎与馅的关系更为紧密。他指出可以只吃馅，不吃皮，他把这种方饺叫作“无皮方饺”，因此我们现在在餐桌上吃到的方饺有的是有皮的，有的则是无皮的。

西葫芦花意式烩饭配小螃蟹

Squash blossom risotto with small crabs

难度系数1

4人配料
制备时间：30分钟（10分钟准备+20分钟烹饪）

320克大米
60毫升特级初榨橄榄油
8~10只小螃蟹
1.2升蔬菜汤或鱼汤
50毫升白葡萄酒
若干切碎的欧芹

意式青酱
100克西葫芦花
10克佩科里诺奶酪
15克帕马森干酪
100毫升特级初榨橄榄油
5克松仁
四分之一瓣蒜
依个人口味加盐和胡椒

制作方法

将西葫芦花（清理、冲洗干净）与松仁、磨碎的奶酪、蒜瓣和橄榄油放在一起搅拌均匀，便制成了意式青酱。依个人口味加盐和胡椒调味。

油置炖锅中加热。油热了以后，加入大米，烘烤几分钟并不停地搅拌。待大米被完全烤熟后，加入白葡萄酒并让其完全蒸发掉。加入螃蟹（上菜时每盘2只）煮一会儿。如果需要，倒入略微加盐的热汤。

待螃蟹煮熟后，拌入特级初榨橄榄油和意式青酱。用切碎的欧芹点缀。

大米在意大利的经历

在意大利，人们食用大米的过程可谓一波三折。阿拉伯人将大米引入了西班牙和西西里岛，但意大利半岛的居民却仍将其视为一种不同寻常的谷物。它被用来治疗疾病，在香料店，它与其他进口商品一起被出售。水稻最早被种在意大利北部，关于它的最早记录可以追溯到15世纪（从那时起，越来越多的人才开始吃大米）。但大米的传播又走了弯路：人们认为它是一种尤为适合穷人、农民和下层阶级的食物。因此，出于象征意义的原因，而非营养或味觉的原因，在较富裕的家庭的餐桌上是看不到大米的。在人们发明了意式烩饭（意大利北部的美食）、烤米饼和萨尔图米饭（意大利南部的美食）等美味佳肴之后，大米才得以正名，不再是“穷人的食物”，开始在享有盛誉的意大利美食传统中占据一席之地。

玫瑰花形意大利面配柑橘味小虾

Rosette pasta with citrus-flavored shrimp

难度系数2

4人配料
制备时间：45分钟（30分钟准备+15分钟烹饪）

意大利面食
300克通用面粉
3个鸡蛋

馅
500毫升贝肉汤
60克面粉
20克（一整只）虾
5克欧芹
50毫升特级初榨橄榄油
四分之一个橙子的橙皮
四分之一个柠檬的柠檬皮
依个人口味加盐和胡椒

汤
（从做馅用的虾身上摘掉的）虾头
100克洋葱（约1.5头小洋葱）
1瓣蒜
1小枝迷迭香
20毫升白兰地
600毫升水

菜肴上的装饰配料
80克面包屑
10毫升特级初榨橄榄油

制作方法

将面粉倒在操作台上并在面粉中央做一个“井”形。加入鸡蛋，将面粉和鸡蛋混合在一起，直到面粉被揉成光滑匀净的面团为止。包上保鲜膜并静置30分钟。

将虾洗净并去壳，将虾头放在一旁备用。

将油烧热，加入大致切碎的蒜、迷迭香和洋葱，开始煮汤。当洋葱变成金棕色时，加入虾头。待虾头变成棕色，用木勺将其压碎。加入白兰地并让其完全蒸发掉。然后加入水，再煮30分钟。依个人口味在汤中加入盐和胡椒调味并用细滤网将汤滤出。

用擀面杖或压面机将面团擀成约1毫米厚的面片，再切成20厘米×30厘米的长方形。用盐水将面片煮2~3分钟并将它们转移到一碗冰水中冷却。然后将它们摆在一块布上晾干。

给锅里的油和面加热。慢慢地加入汤，每次加一点，不停地搅拌。待开锅后再煮几分钟，然后加入切成丁的虾、磨碎的柠檬皮、橙皮和切碎的欧芹。依个人口味加盐和胡椒调味。

在每个面饼上加几勺馅并用刮铲将馅均匀地涂在面饼表面。将每个面饼沿纵向向上擀，然后将它们斜切成直径3~4厘米的圆形。

将面饼摆在衬有烘焙纸的烤盘中，撒上面包屑。在上面淋点橄榄油并放在180℃的烤箱中烘焙15分钟左右。

螺旋形意大利面配蛤蜊和鹰嘴豆

Scialatelli pasta with clams and chickpeas

难度系数2

4人配料
制备时间：58分钟（50分钟准备+8分钟烹饪）+将鹰嘴豆浸泡12小时

意大利面
200克用杜伦小麦磨制的粗粒小麦粉
200克通用面粉
120毫升牛奶
40克佩科里诺奶酪
1个鸡蛋

酱汁
800克蛤蜊
10克红辣椒
100克干燥的鹰嘴豆
60毫升特级初榨橄榄油
15克百里香
1瓣蒜
5克欧芹
依个人口味加盐和胡椒

制作方法

将鹰嘴豆浸泡一整夜。

将所有做螺旋形意大利面的原料都混合在一起，直到将面粉揉成光滑匀净的面团。包上保鲜膜并让其静置30分钟以上。

将鹰嘴豆放在装有冷水的锅中煮至沸腾。

用擀面杖或压面机将面团擀成约2毫米厚的面片，将其切成3毫米宽、10~15厘米长的带状。

用一半的橄榄油将蒜、辣椒和切碎的欧芹炒成浅棕色。将蛤蜊洗净，煮至张口为止，然后将液体从锅中滤出并将一些蛤蜊取出。

将鹰嘴豆做成泥状，加入剩下的橄榄油和少量煮蛤蜊时滤出的水。加盐和胡椒给豆泥调味。

用盐水煮意大利面食，当它变得咬起来有嚼劲时捞出。拌入用鹰嘴豆做成的豆泥，并将面转移到煮蛤蜊的锅中。加入百里香，将所有食材放在一起煮1分钟，搅拌均匀并立即端上桌。

马铃薯贻贝焗饭

Baked rice with potatoes and mussels

难度系数1

4人配料
制备时间：1小时（30分钟准备+30分钟烹饪）

250克焗饭
80克佩科里诺奶酪，磨碎
600克贻贝
350克圣女果（约20个）
300克马铃薯（约1.5个中等大小的马铃薯）
180克洋葱（约2.5头小洋葱）
100毫升特级初榨橄榄油
500~600毫升水
1瓣蒜
10克切碎的欧芹
依个人口味加盐和胡椒

制作方法

仔细地将贻贝洗净，并在自来水下刮擦干净。用刀打开贻贝（最好在一个容器上方将贻贝打开，这样就能收集到所有流出来的液体），扔掉空壳。

给马铃薯和洋葱去皮并将它们切成片，将蒜切碎，将一半的马铃薯切成楔形，将剩下的马铃薯放在一旁备用。

将橄榄油涂在20厘米×30厘米大的烤盘上。在锅底摆一层洋葱。将一半的蒜、圣女果和欧芹撒在上面。多撒些盐和胡椒，然后再撒些磨碎的佩科里诺奶酪，最后放上半个切成片的马铃薯。

用大米（冲洗干净并滤出水分）盖住所有食材并将贻贝放在最上面。

用剩下的蒜、圣女果、欧芹和马铃薯再摆一层。再次撒上盐和胡椒，将剩下的佩科里诺奶酪撒在上面并淋上大量的橄榄油。往从贻贝那儿收集到的液体里加500~600毫升水，浇在所有食材上。

放进180℃的烤箱里烘焙45分钟左右，或直到大米完全被烘熟。

马铃薯贻贝焗饭

通常，在美食领域，马铃薯贻贝焗饭是一道传统的菜肴（这里介绍的是普利亚区的做法），它的名称源自盛它的容器。随着时间的推移和烹饪习惯的变迁，每个家庭都在重新演绎这一古老的烹饪法，而且从某种意义上来说，让这道菜变成了自己的独家绝活。做这道菜的基本原料（包括大米、马铃薯、贻贝、圣女果，在一些做法中，还包括西葫芦）很普通，也不贵，人人都能买到。也许人们是从海洋中获得的灵感才创造出这道菜来，但它却根植于农业传统之中。

通纳雷利意大利面配挪威海螯虾和杏仁

Tonnarelli pasta with scampi and almonds

难度系数2

4人配料
制备时间：1小时5分钟（1小时准备+5分钟烹饪）

意大利面食
300克面粉
75克颗粒较细的粗面粉
3个鸡蛋
50毫升白葡萄酒

酱汁
12只挪威海螯虾
150克李子形番茄（约2.5个）
30毫升白葡萄酒
40克被切成细片的烤杏仁
60毫升特级初榨橄榄油
1根红辣椒，切成圆形
1瓣蒜
5克切碎的欧芹
依个人口味加盐和胡椒调味

制作方法

将面粉、鸡蛋和葡萄酒混合在一起，直到面粉被揉成柔软而致密的面团为止。用保鲜膜将面团包好，放在冰箱里冷藏30分钟。

将面团擀成1~2毫米厚的面片，切片，以方便用一种做意大利面食用的吉他形工具来进行加工。将面团晾1分钟，然后将一张面片放在吉他弦上，并用擀面杖在上面擀。将做好的通纳雷利意大利面放在一个撒了颗粒较细的粗面粉的托盘中。

将挪威海螯虾切成厚片（不要去掉头和腿）。用一半的橄榄油炒一整瓣蒜。当蒜开始变成金黄色时加入挪威海螯虾，快速将其炒至棕色并倒入白葡萄酒。让白葡萄酒蒸发掉并加入番茄（将番茄切成4块并去籽）和辣椒。将所有的食材煮几分钟，依个人口味用盐和胡椒调味并加入欧芹。

用盐水煮意大利面食。滤掉水分并将其放到装有虾酱的锅中。倒入剩下的橄榄油和少量面酱，搅拌均匀，煮1分钟。将通纳雷利意大利面均分到上菜的盘子中并在上面撒上被切成细片的杏仁（先在一个很热的不粘锅里将杏仁烤几秒钟）。

布拉塔奶酪馅水饺配沙丁鱼和干果酱

Burrata cheese tortelli with sardines and dried fruit pesto

难度系数2

4人配料
制备时间：1小时（45分钟准备+15分钟烹饪）

意大利面食
2杯+3汤匙（即300克）意大利“00号”面粉
3个鸡蛋

馅
300克布拉塔奶酪

酱汁
600克已洗净的沙丁鱼
180克成熟的番茄（约2个小番茄）
80克晒干的番茄
150克华美达·迪·米兰诺牌洋葱（约2头小洋葱）
40毫升特级初榨橄榄油
依个人口味加盐和胡椒

意式青酱
10克松仁
15克去壳的开心果（约22粒）
15克金色葡萄干
25克野茴香
25克薄荷
25克新鲜的牛至或马郁兰
10克熟化的佩科里诺奶酪
20毫升特级初榨橄榄油

制作方法

将面粉和鸡蛋混合在一起，直到面粉被揉成光滑匀净的面团为止。用保鲜膜将面团包好，放在冰箱里冷藏30分钟。

将布拉塔奶酪细细切碎，加入少许盐和胡椒调味并将其放在裱花袋里。

用擀面杖或压面机将面团擀成1毫米厚的面片，并压出直径6厘米的圆形面片。将馅放在每个面片的中央并将面片对折，形成半月形的水饺。

给番茄去皮、去籽，切成丁。将洋葱切成丝并在中火上用橄榄油炒。加入（切成小块的）沙丁鱼，煮几分钟，然后加入新鲜的番茄。1分钟以后，加入（细细切碎的）晒干的番茄，并依个人口味加盐和胡椒。

将制意式青酱的所有原料都放在一起搅拌几秒钟（不要搅拌得太过细腻匀和）。

用盐水煮水饺。滤掉水分并拌入沙丁鱼酱。上覆意式青酱并端上桌。

马铃薯水饺配鸟蛤和芜菁叶

Potato tortelli with cockles and turnip greens

难度系数2

4人配料
制备时间：1小时6分钟（1小时准备+6分钟烹饪）

意大利面食
300克通用面粉
3个鸡蛋

馅
400克白马铃薯（约2个中等大小的白马铃薯）
60克帕马森干酪，磨碎
依个人口味加盐和肉豆蔻
1汤匙切碎的欧芹

酱汁
50毫升特级初榨橄榄油
24个鸟蛤
280克芜菁叶
10毫升白葡萄酒
1瓣蒜

制作方法

将面粉和鸡蛋混合在一起，直到面粉被揉成光滑匀净的面团为止。用保鲜膜将面团包好，放在冰箱里冷藏30分钟。

将未去皮的马铃薯放在盐水中煮。给马铃薯去皮，捣成马铃薯泥或用蔬菜搅拌器将其搅成马铃薯泥。待其冷却到室温后将其与帕马森干酪、欧芹、少许盐和肉豆蔻混合在一起。

将面团擀成约1毫米厚的面饼，切成6厘米的方形面片。将馅放在每张方形面片中，折叠成长方形水饺，轻轻压边并用不锈钢波浪轮刀封口。

将整瓣蒜放在几勺油中炒。加入（已冲洗干净的）鸟蛤并倒入白葡萄酒。盖上锅盖煮，到鸟蛤开口为止。待鸟蛤煮好后，将它们从火上取下并去掉蛤壳。加入盐调味。

将芜菁叶洗净，大致切碎，和水饺放在盐水里一起煮。将芜菁叶和水饺的汤液滤出，并佐以鸟蛤做的酱汁。淋上冷榨橄榄油并端上桌。

带馅的意大利面点

将带馅的意大利面点佐以酱汁或汤作为第一道菜已有悠久历史。意大利面点是人们的家常菜，若在里面填满肉、鱼、奶制品或香草作馅，意大利面点便成为节日特色菜。这种美味佳肴是中世纪的意大利人发明的。美食史学家马西莫·蒙塔纳里认为，中世纪对蛋糕（添加了许多美味原料的多层面团）的偏爱促进了这些美食珍宝的诞生。小面团是蛋糕的微缩版再现，每个面团的大小只够一口吃一个。意大利的每座城市都有自己独具特色的带馅面点，而且关于每道面点的起源都有它自己的历史和传说。但毫无疑问，它们实际上都是典型的意大利特色。

管状意大利面配白肉酱

Tortiglioni with white meat ragù

难度系数1

4人配料
制备时间：1小时20分钟（40分钟准备+40分钟烹饪）

350克管状意大利面
100克兔肉
100克珍珠鸡鸡肉
150克猪肉
50克火鸡鸡胸肉
50毫升白葡萄酒
50克洋葱
50克胡萝卜（约1根小胡萝卜）
50克芹菜（约3根小茎芹菜）
1小枝迷迭香
1束鼠尾草
1片月桂叶
100毫升特级初榨橄榄油
依个人口味加盐、胡椒和肉豆蔻

制作方法

将洋葱、芹菜和胡萝卜洗净，切成丁，加入一半的橄榄油，在中火上烹炒。

同时，将所有的肉都切成丁。将肉丁加到炒好的蔬菜中用大火炒，直到肉丁变成焦黄色，所有的水分都被吸收掉。倒入白葡萄酒并令其蒸发。加入香草，完成肉的烹饪，如有必要可加入少量水。用盐、胡椒和少许肉豆蔻调味。

将意大利面放在盐水中煮，当面变得咬起来有嚼劲时捞出。加入酱汁、少量煮面水和剩下的橄榄油，将它们放在一起煮1分钟，混合均匀后端上桌。

农场动物

白肉包括所有曾被定义为“农场”动物的动物肉，如鸡肉、鹅肉、鸭肉和兔肉。每个乡间宅第或农庄住宅附近都有一群在院子中自由奔跑的动物。肉类对于地中海家庭来说是至关重要的，这主要是因为这些小动物是他们唯一的蛋白质来源。而且养鸡有两个好处：鸡几乎一年四季都会下蛋；而且当鸡变老了，还可用作节日中的美食。如今，白肉正东山再起——这是因为它不仅健康、柔软、好消化、用途多，而且还口感佳。

特洛飞意大利面和蛤蜊香蒜酱

Trofie pasta and clams in pesto sauce

难度系数2

4人配料
制备时间：1小时5分钟（1小时准备+5分钟烹饪）

300克通用面粉
150毫升水
1千克蛤蜊
30克罗勒
15克松仁
60克帕马森干酪，磨碎
40克熟化的佩科里诺奶酪，磨碎
1瓣蒜
100克四季豆（约18粒四季豆）
200克马铃薯（约1.5个小马铃薯）
200毫升特级初榨橄榄油，最好是利古里亚牌橄榄油
依个人口味加盐

制作方法

将面粉倒在操作台上并在面粉中央做一个“井”形。每次添一点水，将面粉和水混合在一起，直到面团变得相对稠厚且有弹性。包上保鲜膜，让其静置30分钟，然后再继续下面的操作。

将蛤蜊中的沙子冲掉，并用冷水冲洗干净。将它们放在锅里，盖上锅盖，用大火煮（除了清洗蛤蜊时留在蛤蜊上的水之外，不要再另添水），直到蛤蜊张口为止。

多次捏下鹰嘴豆大小的一块面团并将它们擀成手掌大小的细条（或者在操作台上碾，用手掌轻轻按压）来做特洛飞面。

将罗勒洗净，放在毛巾上晾干。将罗勒和松仁、蒜、橄榄油、少许盐及磨碎的奶酪放在研钵里捣碎。也可以用食品加工器，将食品加工器调到脉冲设置挡，这样香蒜酱就不会被过度加热了。将捣碎的所有食材都倒入碗中，在上面淋一层特级初榨橄榄油。

将马铃薯切成丁，将四季豆切成小块，将它们放入盐水中煮，待快熟时，将意大利面下入锅中。把所有食材都滤一下后放入装蛤蜊的锅里煮一分钟，然后从火上拿开。混入香蒜酱，再加点煮意大利面剩的面汤和橄榄油，搅拌均匀。

热那亚香蒜酱

利古里亚罗勒的香味和味道是很明显的，它们受利古里亚微气候和地形的影响。利古里亚在大海和群山的环绕下，有关该地区的所有历史和地域特色都体现在香蒜酱中。事实上，香蒜酱是用香草制成的“穷人”的酱汁，在中世纪以前，这种香草不像其他香草那样受人重视。要做香蒜酱，只需将罗勒与部分帕马森干酪和部分佩科里诺奶酪混合在一起，然后再加入蒜、松仁和用当地的橄榄制成的特级初榨橄榄油即可。当然，绝不能忽视准备的方法——因为即使是身体的运动也是美食历史的一部分。必须将罗勒放在用卡拉拉（与利古里亚息息相关的另一地区）大理石制成的研钵里，用力用木杵捣碎（“香蒜酱”一词源于“pestare”，意为“捣碎”）。只有用这种方法制成的香蒜酱，才能慢慢地释放出这道做法简单的酱汁所具有的浓郁香气，令人唇齿留香，回味无穷。

马铃薯和意大利白豆南瓜汤

Creamy potato and pumpkin soup with cannellini beans

难度系数2

4人配料
制备时间：1小时5分钟（20分钟准备+45分钟烹饪）+将豆浸泡12小时

500克南瓜（带皮）
600克马铃薯（约3个中等大小的马铃薯）
100克洋葱（约1.5头小洋葱）
200克意大利白豆
1.5升水
1小枝百里香
1小枝迷迭香
10毫升特级初榨橄榄油
依个人口味加盐和胡椒

制作方法

将南瓜洗净，将马铃薯去皮，并将它们都切成小块。将洋葱切成薄片。

将它们全部放在一个炖锅里，加入足够的水，让水没过蔬菜，煮沸。当做好蔬菜后，将蔬菜和煮蔬菜的液体一起打成糊状。如有必要可加入少量水稀释，加盐和胡椒调味。

先将豆浸泡12个小时，然后再将豆放入水中单独煮。

将豆拌入马铃薯南瓜汤中，然后再端上桌。在每份食物上撒上切碎的百里香、迷迭香和现磨的胡椒并淋上少许橄榄油。

南瓜

南瓜并非源自意大利，但它们却很适合在意大利生长，各个品种的南瓜被用于各种美味的菜肴中。南瓜甜甜的味道使它们成为做带馅面食或酸甜味道和甜辣味道的酱汁的理想材料。在发现了美洲之后，人们引进了各种不同的物种（引进的新物种比当地的物种体积大、果肉多），开始小心谨慎地用南瓜烹饪，这主要集中在北方的乡村地区。南瓜水饺仍是许多家庭在传统圣诞节前夜餐桌上必不可少的第一道菜，尤其是在波河流域。

全谷物豆汤

Legume and whole grain soup

难度系数2

4人配料
制备时间：1小时20分钟（20分钟准备+1小时烹饪）+将豆类浸泡12个小时

100克珍珠大麦
100克斯佩尔特小麦
100克扁豆
100克菠罗蒂豆
100克冻豌豆
150克马铃薯（约1个小马铃薯）
25毫升特级初榨橄榄油
半瓣蒜
依个人口味加百里香
依个人口味加盐和胡椒

制作方法

将干豆和谷物分别放在冷水中浸泡一夜。

滤去豆中的水分，将豆和切成丁的马铃薯、蒜和百里香一起放入锅中。加入足够的水，让水没过其他原料，并煮沸。

加入谷物，注意不同谷物的烹饪时间。

最后，在汤中加入盐调味，最后加豌豆（煮几分钟便熟）。

将汤端上桌，撒上现磨的胡椒，淋少量特级初榨橄榄油。

全谷物豆汤

如果说哪种菜肴可以代表意大利美食文化的全部精髓的话，肯定非全谷物豆汤莫属了。自古典时期以来，全谷物豆汤便受到各个时期、社会各个阶层的人们的欢迎。虽然它已经演变出数十个品种，但却很容易被识别出来，从营养上来说，它完整、均衡。这道菜是各种谷物的大融合（主要是那些被认为是低级的谷物——如大麦、法老小麦、小米），味道美味可口，常常成为老百姓日常营养的主要提供者。豆类常被称为“穷人的肉”，不但是社会底层的人不可或缺的食物来源，而且（自然而然）还是他们唯一的蛋白质来源。这种营养丰富的汤常常包括各种谷物和豆类。由于谷物和豆类都是可以被晒干并被放在仓库和私人储藏室中的原料，因此，在浪费绝非是一种明智选择的时代，谷物和豆类的混合物就诞生了，这样人们就能吃光剩下的所有食物。在阅读中世纪有关烹饪的书籍时，显然贵族之家也很爱喝汤，这进一步证明了烹饪能够实现某种统一，这种统一远远超越了地域和社会等级的界限。

第二道菜

颇具象征意味的是，第二道菜显然是意大利菜单上最丰盛、最著名的一道菜了。它虽然被称为“第二”却与等级分类毫无关系，它大概是两种不同的传统相融合在文化上的反常表现。第一道菜和第二道菜都被视为主菜，但似乎每种称呼都含有一定的历史意义和对食物的理念。两者的差异很大，显得有些格格不入，以至于今天，尽管意大利的饮食习惯正在发生着变化，其传统美食开始让位于更“国际化”的一道菜大餐，但我们还是会经常看到顾客们在饭店里点了一道又一道菜。这是人们的选择，这种选择更多地取决于个人的口味而不是取决于日常饮食规定或营养价值。但不管是哪种情况，我们都应解读这种选择行为的象征意义：女性一般都喜欢第一道菜或以鱼为主的第二道菜，而男性却一般喜欢以肉为主的第二道菜。因此，古代的文化遗产依然有效：男人似乎天生爱吃肉（这种食物体现了人性的本能、野蛮和狂热），而不那么黩武的女性则天生爱吃给人以宁静感的意大利面食。

对第二道菜的可能起源做粗略的探讨包括基督教一天主教传统如何在数个世纪里影响意大利人的日常生活、控制人们日常生活中的每一个最小的细节，我们应该为肉和鱼之间的矛盾（对于第二道菜来说，二者的矛盾依然很明显、很尖锐）找一个充分合理的解释。

重要的是谨记：第二道菜选肉还是选鱼并非是一概而论的（也并非是毋庸置疑和绝对的）。至少是在19世纪以前，人们需要控制自己的食欲，不能吃那些激发本能、攻击性和欲望的食物（如红肉等），这是强加进日常饮食中的一项硬性规定。

若想了解宗教规定对饮食选择的影响，想想分布在一年当中的大约150个斋戒日。为了进一步证明这一点，只需指出以下事实就足够了：在基督教崛起之前，罗马文明能接受肉和鱼同时出现在同一菜肴中，并且在世界的其他地方，这种“混合型”菜肴仍然很普遍。

按照我们所采用的研究方法，考虑到意大利美食系统（世界上唯一一个具有两道主菜的美食系统）貌似可信的起源，除了最后一点思考之外再也没有什么需要补充的了。两种传统相融合，产生了第一道菜和第二道菜，它们不仅在文化（其中一种传统似乎源自希腊一罗马文明，而另一种传统则似乎源自凯尔特一德国文明）上有很大差异，而且还体现出社会等级的巨大差异。（由于无法在两道菜之间画出泾渭分明的分界线，因此）第一道菜往往最能体现流行文化，而第二道菜则更充分地体现了社会上层的烹饪文化。但应该指出的是，这种对比被极大地削弱了，因为本书致力从“地中海性”的角度进行探讨。

总之，像快速翻阅一本条理清晰的烹饪书一样，快速地瞥一眼高品质的传统餐馆里的烹饪法似乎能让我们直接了解到意大利的历史和意大利人的文化。

凤尾鱼配番茄、酸豆和塔加斯卡橄榄

Anchovies with tomatoes, capers and taggiasca olives

难度系数1

4人配料
制备时间：35分钟（20分钟准备+15分钟烹饪）

800克新鲜凤尾鱼
80克塔加斯卡橄榄（约18颗大橄榄）
30克腌制的凤尾鱼
200克碾碎的番茄
10克酸豆，冲洗干净
70毫升白葡萄酒
1瓣蒜
30克欧芹
30毫升特级初榨橄榄油
依个人口味加盐

制作方法

将凤尾鱼洗净并剔掉鱼刺。将凤尾鱼纵切成两半，打开鱼肚。

给平底锅里的橄榄油加热。加入蒜和切碎的欧芹并烹炒，但不要让它们变成焦黄色。加入白葡萄酒并让其蒸发，然后加入碾碎的番茄。加入腌制好的凤尾鱼（先将凤尾鱼洗干净，然后再剔掉鱼刺并将它们大致切碎）和酸豆，将其烹饪几分钟。最后，加入新鲜的凤尾鱼和橄榄。将所有食材再烹饪几分钟，加少许盐调味并端上桌。

酸豆

酸豆是小小的长方形纺锤形状的花蕾，由一种灌木所结，由于这种野生灌木生长在地中海盆地的钙质土壤中，因此在意大利的许多地方都能看见它们的身影。数千年来，人们一直以酸豆为食，它们体现了人们对地形的了解及对每种资源，甚至是野生资源的优化利用。只需将这种不起眼的大地之果放在盐、醋或橄榄油中，它们便会成为许多典型的意大利南方菜肴的一部分，散发出浓烈而沁人心脾的香气，为意式菜肴增添了别样的风味。

烤羊肉串配百里香

Roasted lamb skewers with thyme

难度系数1

4人配料
制备时间：1小时（50分钟准备+10分钟烹饪）

800克羔羊肉
1.2千克马铃薯
2瓣蒜
2小枝百里香
30克迷迭香
150毫升特级初榨橄榄油
依个人口味加盐和胡椒

制作方法

将羔羊肉切成1~2厘米见方的羊肉块并用扦子穿好。

给马铃薯去皮并将马铃薯切成楔形。将马铃薯焯5分钟，滤去水分。将烤盘预热，倒入一半的橄榄油，将马铃薯、1瓣蒜、盐和胡椒都放在烤盘上，放入180℃的烤箱里烘焙30分钟。

去掉百里香的茎，将另一瓣蒜切成薄片。将它们撒在肉串上并将剩下的橄榄油淋在上面。将羊肉放在冰箱里，至少腌泡20~30分钟。

为了不让蒜和百里香被烧着，烤肉前将它们取出。将肉串扦子加热10分钟，使其达到室温。在烤架上或平底锅中烹饪约10分钟，依个人口味加盐和胡椒调味。

烤肉

在意大利及其他美食传统中，有各种久负盛名、颇具象征意义的烹饪方法。尽管它们的渊源距今遥远，但它们依然对我们的生活产生了重大的影响，烧烤便是其中的一个经典例子。从技术的层面来说，一堆火和一根烤肉扦就足够烤肉的了。除了这一基本的程序之外的所有附加的东西都是可有可无的多余之物，这要归因于制作美食的方法日臻完美，而且人们的味觉也变得越来越好了。在中世纪，甚至连人们的饮食习惯都是社会地位的标志。吃烤肉有着特殊的意义。首先，肉（尤其是红肉）是一种仅供少数特权阶级享用的奢侈品。其次，这种近乎原始的古朴的烹饪方法是尊贵的勇士阶级的理想选择，因为他们的胃与他们的剑一样强大。那时，每个阶级、每个派别、每个年龄和每种类型的人都有自己的饮食习惯，这种习惯以希波克拉底或亚里士多德的饮食“科学”的标准为基础，传承了几百年，可谓根深蒂固。烤肉唤起了人们对力量、简单和野性的理解，是一种最适合于伟大的君主、王子和勇士的烹饪技艺。修道士艾因哈德是与查理曼大帝同时代的人，是一位传记作者。在对国王及其就餐方法进行了如实的描述之后，他写道，查理曼大帝很少在宴会上吃东西，即便是吃，也十分节制，但他却非常喜欢吃猎人们做的烤肉——很简单，就是把肉放在烤肉扦子上。查理曼大帝喜欢吃肉，而且几乎是只吃肉，这种饮食模式进一步证明了国王的气势、风度和正直。正如费尔巴哈所说，“人如其食”。

“疯狂的水”中的海鲈鱼

Sea bass in “acqua pazza”

难度系数1

4人配料
制备时间：35分钟（15分钟准备+20分钟烹饪）

1.5千克海鲈鱼
150克洋葱（约2头小洋葱）
250克圣女果（约15个）
50毫升特级初榨橄榄油
5片罗勒叶
2瓣蒜
200毫升水
依个人口味加盐和胡椒

制作方法

将洋葱洗净并切成薄片。将海鲈鱼洗净并切成片，剔掉鱼刺。

将洋葱、蒜和罗勒放在特级初榨橄榄油里煎。加入圣女果和水，将所有食材烹饪10分钟左右。将盐和胡椒加到鱼里调味，然后将其放在“疯狂的水”中炖。

“疯狂的水”

起初，“疯狂的水”是一种传统的、在海上喝的汤。过去，渔民们常常将没有出售价值的依然挂在渔网上的小鱼放在海水里与蔬菜及香料一起煮。这个菜谱的名字一直沿用至今，这是因为水中加入了少量的白葡萄酒。这种汤在整个地中海地区都十分流行，尤其是在普罗旺斯和意大利南部，是简单而又健康的一餐，人们常常将其与平头钉形的饼干一起食用。需要指出的是，在意大利的每个地区，都能看到鱼类菜肴的影子，它们是仿照这道基本汤品制成的——成分包括水、盐和各种香料，有时还富含鸡蛋、奶酪、肉丁或骨头等，这取决于在该地区流行的传统产品是什么。

茄子裹海鲈鱼配番红花酱汁和凤尾鱼烤洋葱

Sea bass wrapped in eggplant with saffron sauce and baked onion with anchovies

难度系数2

4人配料
制备时间：1小时10分钟（1小时准备+10分钟烹饪）

500克粗盐
2条海鲈鱼，每条600克
50克油浸凤尾鱼
50克罗马米
500克茄子（约1个）
400克华美达·迪·米兰诺牌洋葱（约2.5头大洋葱）
150克面包屑
40克切碎的欧芹
250毫升水
10毫升特级初榨橄榄油
0.5克番红花
依个人口味加盐和胡椒

制作方法

将粗盐倒入一个烤盘中并将未去皮的洋葱放在上面。将洋葱放在180℃的烤箱中烘焙30分钟，或直到能用一把刀将它们轻松地刺穿为止。待洋葱好了以后，将其切半并加少许盐和胡椒调味。

将面包屑与切碎的欧芹和凤尾鱼（用一把刀将凤尾鱼拆开）混合在一起，将混合物涂在被切成两半的洋葱上。将特级初榨橄榄油淋在上面并将它们放在事先预热到200℃的烤箱里烘焙7~8分钟。同时，用蔬果刨将茄子切成2~3毫米厚的茄子片。

刮去海鲈鱼的鱼鳞并去掉鱼刺，然后将海鲈鱼清洗干净并切成鱼片。用盐和胡椒给鱼片调味并覆上茄子片。

将米放在加了少许盐的水中煮20分钟以上，然后加入番红花，将混合物做成糊状并依个人口味加盐和胡椒调味。

将少许橄榄油淋在一个不粘锅里，将鱼的正反面都煎2~3分钟。将鱼放在180℃的烤箱中烘焙，5分钟以后取出。

将海鲈鱼放在糊状米饭上端上桌，并在一侧配上烤洋葱。

黄色番红花

意大利美食文化常常汲取其他文化传统的精华，以独特的方式对其进行提升、重新诠释并保持其价格稳定，使各个文化得以充分融合，番红花的情况也是如此。尽管自古以来，番红花素以鲜艳的颜色、良好的治疗效果和沁人心脾的芳香而著称，但却是阿拉伯人使它在整个欧洲得以流行的，并将它正式命名为番红花，这个名字一直沿用到今天。它的价格一直非常贵，由于十分稀少，很难栽培和收割（如今销售的多是番红花的替代品，而真正的番红花只在世界的极少数地区生长，如拉奎拉等地），因此深受人们的青睐。在13—14世纪时期，爆发了争夺番红花的“海盗船战争”，一艘载有360千克珍贵的番红花柱头的船被劫，船上的番红花柱头全部被抢。想想看，要是在今天，这一船的番红花要值数百万美元，这回您可以大致了解番红花的真正价值了吧。

烤扇贝配豌豆泥、橄榄油和墨鱼汁

Roasted scallops with puréed peas, oil and cuttlefish ink

难度系数1

4人配料
制备时间：40分钟（35分钟准备+5分钟烹饪）

12个扇贝
400克豌豆
5克墨鱼汁
90毫升特级初榨橄榄油
依个人口味加盐和胡椒

制作方法

用盐水煮豌豆。滤去豌豆中的水分并将它们放在食品加工器里，加入一满勺煮豌豆用过的水。然后用细滤网筛，会得到特别浓稠的豌豆泥。依个人口味用$\frac{1}{3}$左右的橄榄油、盐及胡椒调味。

用$\frac{1}{3}$的橄榄油来稀释墨鱼汁。

打开扇贝壳，将扇贝肉取出并冲洗干净。将剩下的橄榄油倒在热锅里，将扇贝肉烧至焦黄。依个人口味加盐和胡椒调味。

待做好扇贝后（应烹饪5分钟左右），将扇贝放在一层豌豆泥上并端上桌。覆以橄榄油和墨鱼汁的混合物。

扇贝

扇贝的历史与基督教和宗教礼拜仪式紧密地交织在一起。事实上，它们还被称为“圣詹姆斯贝壳”。前往圣地亚哥–德–孔波斯特拉的朝圣者们，会沿着海滩拾扇贝并在回来时拿出来让大家看，作为他们朝圣的证据，这样他们就不用交通行费，亦可避税了。甚至连艺术史中也有关于这块大自然的珍宝的绚丽图像——如波提切利的维纳斯便诞生在扇贝壳中。不管怎样，扇贝是世界上人们食用的第三多的软体动物。它们的用途特别多，是无数种菜肴的重要成分，而且美丽的扇贝壳还起到了极好的装饰作用，能大大地提高餐桌上的审美情趣。

扇贝配马铃薯和牛肝菌菇

Scallops with potatoes and porcini mushrooms

难度系数2

4人配料
制备时间：1小时5分钟（45分钟准备+20分钟烹饪）

50毫升特级初榨橄榄油，最好是利古里亚牌橄榄油
12个扇贝
600克马铃薯（约3个中等大小的马铃薯）
400克新鲜的牛肝菌菇
1瓣蒜
1束细香葱
5毫升醋
2小枝迷迭香
依个人口味加盐
依个人口味加白胡椒

制作方法

给马铃薯去皮并用一把非常锋利的刀将马铃薯切成圆片。

加少量醋，将马铃薯放在盐水中煮20分钟左右。

将蘑菇洗净并用湿布擦拭，然后将其切成薄片。

锅置大火上。锅热后，加入橄榄油、一整瓣（未去皮的）蒜、一小枝迷迭香和蘑菇。加盐和胡椒调味。将蘑菇煮几分钟，注意不要煮得太软了。

将一些橄榄油淋在另一个热锅里。依个人口味将盐和胡椒加入扇贝中。将这些食材烹饪几分钟，待扇贝的每一面都烹饪好后将它们翻面。

将扇贝和马铃薯、蘑菇一起端上桌，并将每个盘子都饰以迷迭香和细香葱。在每份菜上淋上橄榄油并撒上白胡椒。

美味但却不可信的蘑菇

据说罗马皇帝克劳狄斯（公元10—公元54年）死于暴饮暴食。他的妻子阿格里帕既恶毒又非常有野心，她想让她在嫁给克劳狄斯之前生的儿子尼禄继承王位。为了能尽快实现她的愿望，她决定杀死她的丈夫。众所周知，克劳狄斯特别爱吃蘑菇，阿格里帕便充分利用了这一点。像与他同时代的人一样，克劳狄斯对这些美味而神秘的“大地之子”十分着迷。他的妻子便派人采来毒性最大的牛肝菌，命人做成上等的美味佳肴献给克劳狄斯吃。克劳狄斯狼吞虎咽地吃光了，非常高兴，没想到却因此而断送了性命。不管这个故事是真的还是传说，野生蘑菇虽然好吃但却可能是有毒的，甚至是致命的，这是不争的事实。人们酷爱野生蘑菇，但又对其心存疑虑，不知其是否有毒。因此，要想能安全地食用野生蘑菇是需要高超的技巧和渊博的知识的，过去是这样，现在也是如此。

兔肉配橄榄

Rabbit with olives

难度系数1

4人配料
制备时间：1小时（15分钟准备+45分钟烹饪）

1只兔子
100克塔加斯卡橄榄（约23粒大橄榄）
200克番茄酱
100毫升白葡萄酒
50毫升特级初榨橄榄油
3瓣蒜
1小枝迷迭香
依个人口味加盐

制作方法

将兔肉切成小块并用盐调味。用橄榄油、迷迭香和蒜（去皮）炒兔肉。待兔肉变成均匀的棕色后，倒入白葡萄酒并让葡萄酒完全蒸发。盖上锅盖，用中火煮20分钟，注意时时查看，防止葡萄酒被煮干，并根据需要加些水。

加入番茄酱和去了核的橄榄。再煮20分钟，将酱汁煮到理想的浓稠度。

将兔肉放到滚烫的酱汁中，去掉蒜后再端上桌。

橄榄

由于有橄榄树的银色倒影，因此人们很容易便能辨认出意大利的一些风景，尤其是意大利南部的风景。橄榄与葡萄、小麦构成了所谓的“地中海三元素”，它们被认为是对农业经济、美食学和地中海沿岸国家的饮食习惯贡献最大的三种植物。栽种橄榄的历史早已消逝在时间的长河中。用以制造橄榄油的研钵和压榨器可以追溯到公元前5000年，它们是在（以色列的）海法被发现的。关于橄榄的文字记载也不计其数。比如在《旧约圣经》中就有“一只鸽子衔着一枝新鲜的橄榄枝回到挪亚方舟”的记载。在犹太文化中，橄榄象征着耶和华与人类的和平与契约，而橄榄油则象征着净化与奉献。后来，涂圣油使人神圣化的习俗被基督教所吸收，这是庆祝圣事必不可少的一个环节。伊斯兰教将橄榄视为寓言的中心和世界之轴，将宇宙之树看作先知的象征。在古典文化中，古希腊人认为是智慧女神雅典娜将橄榄树放在了阿提卡。在日常生活中，橄榄油被用来制作食物、油膏、个人卫生用品和灯盏。橄榄虽丧失了某些深奥、神秘的宗教意义，但对于地中海沿岸的人们来说却依然意义重大。罗马人致力栽培这种非凡的植物，意大利至今仍广泛地种植橄榄。事实上，特别多变的地形和微气候使意大利十分与众不同——全国种有500多种橄榄树，其中400种橄榄树被列在国家索引名录中。每棵橄榄树都能提供果实（即橄榄）和橄榄油，它们在味道上无与伦比，感官质量绝佳，使意大利不容置疑地成为优质橄榄油的故乡。

贻贝配意式番茄罗勒酱

Mussels marinara

难度系数1

4人配料
制备时间：25分钟（20分钟准备+5分钟烹饪）

1千克贻贝
200克成熟的番茄（约1.5个中等大小的番茄）
60毫升特级初榨橄榄油
100毫升白葡萄酒
依个人口味加欧芹
依个人口味加红辣椒
1瓣蒜
依个人口味加盐

制作方法

锅中放油，加热，加入切碎的辣椒、蒜和欧芹，在它们变为金棕色之前停止烹饪。加入白葡萄酒并令其蒸发。番茄去皮、去籽，切成丁，放到锅中。几分钟后，加入贻贝（刮净并清洗干净），煮至贻贝张口为止。如果需要，加盐调味。

淋少量特级初榨橄榄油并端上桌。

用葡萄酒烹饪

几千年前人们在地中海沿海地区“发现”了葡萄酒——《圣经》里将挪亚描绘成人类历史上第一个葡萄酒农。古代葡萄酒是勾兑成的，加有香料，浓浓的酒水香气扑鼻，与我们今天所熟知的葡萄酒截然不同。这种珍贵的、醉人的饮品几乎是意大利大餐中不可或缺的点缀，而它本身也是一种食品，是无数菜肴的主要成分。罗马人将制作葡萄酒的方法和饮用葡萄酒的习惯传播到了北方，远远超出了意大利半岛的范围，与英国和德国的啤酒文化不期而遇。那时，人们更喜欢“酿制白葡萄酒”，这便产生了勾兑的酒精含量和松香含量都很高的酒。本笃会的修道士使酿制更自然的“红葡萄酒”的过程变得流行开来。葡萄酒在现代烹饪中所起的作用就如同酱汁在烹饪中所起的作用一样——加入葡萄酒的目的是给食物提味。当葡萄酒被用作调味品时，其独一无二的香味被转移到食物上，因此在烹饪时应使用储藏年份适中、酒精浓度好并带有独特的酒香的高品质葡萄酒。若做传统美食，最好选用来自那个地区的葡萄酒，因为与其他原料一样，葡萄酒带有其产地的味道。

用香草调味的狗鳕馅炸丸子

Herbed hake croquettes

难度系数2

4人配料
制备时间：45分钟（40分钟准备+5分钟烹饪）

600克狗鳕，清理后约400克重
200克马铃薯（约1个中等大小的马铃薯）
100克洋葱（约1.5头小洋葱），细细切碎
150克面包屑
150克切片白面包（约6片）
3个鸡蛋
30克欧芹
30克罗勒
10克细洋葱
依个人口味加意大利香醋
100毫升特级初榨橄榄油
油炸用的橄榄油（视需要而定）
莴苣（用作装饰）
依个人口味加盐和胡椒

制作方法

将马铃薯放在加了少许盐的水中煮。待马铃薯被煮好后，用马铃薯捣碎机将马铃薯捣碎。

狗鳕去皮并将其切成片，去掉鱼刺。将香草洗净并切碎。

在锅里淋些特级初榨橄榄油并将洋葱炒熟。加入狗鳕鱼片，用大火煮，用一把木勺将它们搅碎。待鱼好后，将其转移到一个大碗中。掺入捣成糊状的马铃薯泥，用盐和胡椒调味并令其冷却。

将面包切成薄片并去掉面包皮，将面包撕碎。将其与切碎的香草一起放在食品加工器里搅拌，直到混合物变成均匀的绿色。

将鱼肉混合物揉成直径为3厘米的圆柱形。再分为5厘米长的小截。先将它们在面包屑里蘸一蘸，然后再依次放在搅打好的鸡蛋和香草味的面包中。

将丸子放在大量沸油中炸。捞出丸子并将它们放在纸巾上，控干油分。

将丸子放在一层莴苣上，最后在上面淋几滴芳香醋。

炖珍珠鸡配甘蓝和牛肝菌菇

Braised guinea fowl with cabbage and porcini mushrooms

难度系数2

4人配料
制备时间：1小时10分钟（20分钟准备+50分钟烹饪）

1千克珍珠鸡鸡脯肉
200克甘蓝
150克牛肝菌菇
100毫升白葡萄酒
1小枝迷迭香
2瓣蒜
50毫升特级初榨橄榄油
5克磨碎的欧芹
依个人口味加盐和胡椒

制作方法

将珍珠鸡鸡脯肉冲洗干净。将盐和橄榄油涂在鸡脯肉外层调味，将迷迭香和蒜放在鸡脯肉里层调味。将鸡脯肉放在烤盘中并将其放在180℃的烤箱中烘焙30分钟左右。

将甘蓝洗净并放在盐水中焯3~4分钟。将焯甘蓝用的水放在一旁备用。

将蘑菇洗净并切成丁。用少量油将其与蒜瓣和切碎的迷迭香一起炒。将甘蓝大致切碎并将其加到蘑菇中。依个人口味加盐和胡椒调味，烹饪几分钟。倒入一些焯甘蓝用的水。

做好鸡脯肉后，将其从烤箱中取出，分成8份。

将切好的鸡脯肉转移到装有蔬菜的锅中，将所有食材一起炖20分钟左右。

在每份食物上撒些现磨的黑胡椒，在上面淋些特级初榨橄榄油。

牛肝菌菇

牛肝菌（porcino，字面意思为“小猪”）无疑是最受人们欢迎的可食蘑菇。尽管识别蘑菇需要非凡的技能（最好是有真菌学家的专业帮助），但牛肝菌的香味、外观和形状却独具特色，使人们很容易便会将它们辨认出来。牛肝菌生长在意大利的森林中，多长在栗树、山毛榉和橡树下。某些地区特别适合珍贵的树下植物生长，尤其是帕尔玛的亚平宁山脉。采蘑菇曾为务农的家庭提供了另一生计来源，还为其带来了丰厚的收入。采菇人在拂晓时就要到森林里去。每个采菇人都能找到一个或多个爱长蘑菇的地方（在这些神奇的地方，蘑菇大量生长），他们绝不会将这些地点透露给任何人——因为这是代代相传的需要严守的秘密。对森林的尊敬、对地形的了解以及对多变的大自然节奏的适应，构成了人类与环境能够保持微妙的平衡的基础，这种平衡持续了上百年之久。

海鲷鱼片蘸甜椒海鲜酱

Sea bream fillet in bell pepper and seafood sauce

难度系数2

4人配料
制备时间：50分钟（40分钟准备+10分钟烹饪）

1千克海鲷
500克黄甜椒
250克黄洋葱
1小枝百里香
500克贻贝
12只虾
4克切碎的欧芹
依个人口味加盐
依个人口味加白胡椒
8毫升特级初榨橄榄油

制作方法

将甜椒和洋葱洗净并切成丝。

锅置小火上，将一些橄榄油淋在锅中，煎蔬菜和百里香（将百里香从茎上剥落），再加几汤匙水来煮。煮好后，将它们打成糊状并用细滤网打成菜泥。

将鱼洗净并去掉鱼鳞。将鱼切成鱼片并将每片鱼片都切成10厘米大小的菱形。

用刷子将贻贝刮净，将它们彻底冲洗干净并再次冲洗。锅置大火上，将贻贝放在锅中，用少量的水煮。待贻贝开口后，滤去水分并将贝肉从贝壳中取出。滤出锅中煮贻贝剩下的水并将其放在一旁备用。

将虾洗净并将虾背部的虾线挑出。

在不粘锅里加少许油，将海鲷煎至焦黄，煎的时候要将有鱼皮的一面朝下。加入盐和胡椒调味，然后将鱼翻面，再烹饪几分钟。

将鱼取出并用煮贻贝的水溶解粘在锅上的鱼肉。滤出酱汁并加入胡椒和洋葱酱搅拌均匀。

给海鲷浇汁并端上桌，在一旁饰以虾和贻贝，上面覆以切碎的欧芹和磨碎的胡椒。

金枪鱼鱼片配西葫芦和茄子沙拉

Seared tuna fillet with zucchini and eggplant salad

难度系数1

4人配料
制备时间：45分钟（30分钟准备+15分钟烹饪）

500克金枪鱼鱼片
100克碎番茄
400克茄子
100克西葫芦
50克芹菜
50克洋葱
25克黑橄榄（约6个橄榄）
20克酸豆
15克松仁
15克开心果（约22粒）
15克葡萄干
5毫升醋
10克糖
150毫升特级初榨橄榄油
1瓣蒜
4小枝百里香
1束罗勒
依个人口味加盐和胡椒

制作方法

将茄子冲洗干净并切成小方块。在切好的茄子块上略撒些盐，盐渍20分钟左右，让所有苦涩的汁液都流净。用$\frac{2}{3}$的橄榄油炸茄子。

将洋葱和芹菜切成小丁。先用少量橄榄油炒，然后加入（切成丁的）西葫芦并将它们炒至略带焦黄色为止。加入葡萄干、酸豆、松仁和橄榄，再加入碎番茄和炸茄子，并依个人口味加盐和胡椒调味。将所有食材烹饪几分钟。先加入醋和糖，最后再加开心果和手撕罗勒。

将金枪鱼切成厚片并加盐和胡椒调味。在一个不粘锅里淋些橄榄油，加入百里香和整瓣蒜。将金枪鱼煎焦（每面煎1~2分钟），用蔬菜做装饰点缀金枪鱼，端上桌。

金枪鱼

事实上，“金枪鱼”是一个统称，指鲭科家族的各个成员。尽管金枪鱼仅在一年当中的某个时节到岸边来（不同地区的金枪鱼出没的时节也不相同），但几乎在各大洋的水域中都能看见金枪鱼的身影。非常受人们欢迎的“红色金枪鱼”是地中海中最多的鱼类之一。它鲜美的味道导致了人们的滥捕，使“红色金枪鱼”处境危险。正因为如此，目前，一些国家已经制定了相关的规章来对金枪鱼进行保护。但是不可否认，从历史和人类学的角度来说，对地中海金枪鱼的捕获象征着古代海洋文化的真正传统和真谛。声名狼藉的被称为“杀死”的捕鱼盛典（一系列小渔网被连在一起，其中最后一张网浮出水面，网中的金枪鱼被人们用鱼叉捕获）是这一传统的最后阶段。尽管在我们现代人看来，猎杀金枪鱼的场景似乎非常残酷，但自古代以来，捕鱼一直是一种习俗，它根深蒂固地根植于过去的时代，那时，人类与野兽之间的争斗关系到生存的问题。大规模的捕鱼打破了持续了上百年的平衡，严重危及了地中海中这种高贵生物的生存状态。也许，只有通过回首过去，我们才能打开一道道崭新的大门，通向可持续的未来。

鮟鱇鱼沙拉配潘泰莱里亚酸豆和传统摩德纳芳香醋

Anglerfish salad with pantellerian capers and traditional modena vinegar

难度系数1

4人配料
制备时间：35分钟（30分钟准备+5分钟烹饪）

200克蔬菜什锦
50克胡萝卜
80克茴香
1千克鮟鱇鱼
20克腌酸豆
4克切碎的欧芹
100毫升特级初榨橄榄油
3毫升摩德纳芳香醋（12年陈年老醋）
依个人口味加盐
依个人口味加白胡椒
4~5片薄荷叶
12片细香葱叶
4~5片罗勒叶
1小枝马郁兰

制作方法

将所有蔬菜洗净。将酸豆冲洗干净并滤去水分。

将鮟鱇鱼洗净，去掉鱼皮和鱼刺。

将鱼切成0.5厘米厚的鱼片。将四分之一的特级初榨橄榄油置于锅中，用中火煎鱼片。多加些盐和胡椒调味。

将用手撕碎的绿色蔬菜摆放在盘子中央。将鱼放在蔬菜上，并覆以酸豆和切碎的欧芹。加入芳香醋、特级初榨橄榄油、盐和胡椒调味。

镇痛软膏和灵丹妙药

30年来，传统摩德纳芳香醋一直是欧盟PDO（Protected Designation of Origin，原产地保护认证）的产品。换句话说，它在文化上、历史中和美食学方面的价值已经受到人们的认可，其地位与考古或艺术遗产几乎同样重要。它是一种非常古老的产品，至少自11世纪起就被记录在案了。关于精致的芳香醋的最早记录源自修道士多尼佐内献给卡诺萨伯爵夫人玛蒂尔德的一部著作中。如今，芳香醋仍盛产于埃米莉亚地区。在过去，醋这一术语被用来指醋酸调味品，源自发酵的葡萄酒，这在那个时代非常流行，因为当时的菜肴需要突出的甜味或酸味。美味的创造似乎皆出于偶然——芳香醋的故事很可能是源于被遗忘在酒窖中的做好了的葡萄汁。将醋放在（用杜松、栗木、橡木或桑木做的）木桶中陈化多年，这样装在木桶中的醋液便被浸染上了木头的气味和芳香——并没有添加任何香料。

“芳香”一词源自镇痛软膏，而镇痛软膏又源自这种珍贵的产品的二重性——多个世纪以来，它实际上有着显著的治疗功效。它被视为真正的灵丹妙药，也许这在一定程度上解释了为什么制造者们会非常小心地保守着制作芳香醋的家传秘方。

烤黑鲈配鹰嘴豆豆泥

Baked stuffed sea bass with chickpea purée

难度系数1

4人配料
制备时间：1小时12分钟（1小时准备+12分钟烹饪）+将鹰嘴豆浸泡12小时

2条黑鲈，每条重约400克
8只虾
150克鹰嘴豆
50克洋葱
500毫升水
50毫升特级初榨橄榄油
依个人口味加迷迭香
依个人口味加盐和胡椒

制作方法

将洋葱细细切碎并用少量橄榄油炒。加入鹰嘴豆（用冷水浸泡一整夜），倒入水中，煮到鹰嘴豆变嫩变软为止。最后加盐调味。

加入少量切碎的迷迭香、少许橄榄油和现磨的胡椒，将鹰嘴豆打成泥状。

将黑鲈洗净、去鳞、冲洗并切片，用盐和胡椒给鱼片调味。先将虾（剥去虾壳，将虾背部的虾线挑出,去掉虾头）放在每片鱼片中间，再将鱼片卷起来。用牙签或厨房用麻线将卷好的鱼片固定住。淋上橄榄油，将卷好的鱼片放在事先预热到180℃的烤箱中，烘焙12分钟左右。

将一些鹰嘴豆豆泥涂在每个盘子里。将加了填料的黑鲈鱼鱼片卷放在豆泥中央，在上面淋上橄榄油。

地中海蔬菜沙拉配烤鲭鱼

Mediterranean vegetable salad with grilled mackerel

难度系数1

4人配料
制备时间：55分钟（30分钟准备+25分钟烹饪）

800克鲭鱼
200克西葫芦
200克胡萝卜
100克芹菜
200克黄甜椒
200克红甜椒
10克小洋葱
100毫升特级初榨橄榄油
依个人口味加盐和胡椒

制作方法

将洋葱洗净并用橄榄油炒。加入西葫芦、甜椒、芹菜和胡萝卜（所有食材都细细切碎）。将所有食材在大火上继续烹饪几分钟。依个人口味加盐和胡椒调味。盖上锅盖，将所有食材再烹饪10分钟。

将鲭鱼洗净、冲净并沥干水分。将盐和胡椒放在鱼肉里调味并涂抹上一薄层橄榄油。将鱼放在中火上烤，正反面都要烤到。当将鱼烤熟后配以蔬菜，端上桌。

烧烤

在古希腊——正如历史学家兼人类学家马塞尔·德蒂安所论证的那样——宗教祭祀活动常常与屠宰和篝火上供大家分享的烤肉相伴而生。负责这种仪式的牧师被称为“magheiros”（这个名字与意大利语的“macellaio”有着语源上的联系，意为“屠夫”），他的职责是杀掉动物祭品，将它们切成块（必须按照传统的要求严格地进行分割），负责整个烹饪过程，并最终将食物分给每个人，这样聚餐便可以开始了。按照当时的信仰，这种行为颇有意义，能释放人的情绪。血溅在祭坛上，净化之火烧掉了参加仪式的人们身上所有的污秽之物和种种凶兆。一些历史学家认为，由于希腊的经济不发达，生产实践落后，因此老百姓们只有在祭献这样的场合才能吃到肉。

普利亚风味海鲷

Puglia-style sea bream

难度系数1

4人配料
制备时间：45分钟~50分钟（30分钟准备+15~20分钟烹饪）

1千克海鲷
300克马铃薯
50克磨碎的佩科里诺奶酪
1瓣蒜，切碎
5克碾碎的欧芹
40毫升特级初榨橄榄油
依个人口味加盐和胡椒

制作方法

将海鲷洗净、去鳞并切成片。

将马铃薯去皮，切成薄片并在盐水中焯一下。

将油涂在烤盘里（或将烘焙纸铺在烤盘里），在盘底放一层马铃薯。将佩科里诺奶酪、蒜和欧芹混合在一起并将一半的混合物均匀地撒在马铃薯上。摆一层海鲷鱼鱼片并撒些盐和胡椒。覆以另一半原料，轻轻地将马铃薯片仔细摆好。

淋些特级初榨橄榄油并将它们放在200℃的烤箱里烘焙15~20分钟。

清淡饮食

在饥荒泛滥的时代，每年还要禁食140~160天，这看起来很奇怪。随着基督教的发展，一系列规范（最初，这些规范只适用于隐士和修道士，后来其适用范围却扩大到每个人）也传播开来，这些规范影响着日常生活的方方面面，如饮食等。“清淡饮食”的要求使人们在特定的日子里必须戒食某些食物（尤其是红肉和动物脂肪）：如星期三和星期五，以及宗教节日的前夜（比如最重要的宗教节日圣诞节、复活节等）和大斋节等。宗教礼拜仪式强烈限制意大利的饮食习惯。例如，在其他文化中，是不存在鱼和肉的对立的（就连古罗马也是如此），而在宗教礼拜仪式中，鱼和肉的对立却被看作是理所当然的。它还发展为两种并列的饮食传统：一种是“清淡”的食物（如鱼、橄榄油、蔬菜和有限的白肉等），而另一种是“油腻”的食物（如红肉、猪油和冷盘等）。直到19世纪，烹饪书才将每道菜进行了详细的说明，将其分属于这两大类别之中。但坦率地说，这两类食物都要让位于美味的传统菜肴，原因是显而易见的，尽管人们被要求进行斋戒，但没有人会真正考虑放弃食物带来的快乐。

里窝那风味角鲨

Livorno-style dogfish

难度系数1

4人配料
制备时间：50分钟（30分钟准备+20分钟烹饪）

800克角鲨鱼排
500克成熟的番茄
150克洋葱
100毫升白葡萄酒
60毫升特级初榨橄榄油
1瓣蒜
5克切碎的欧芹
依个人口味加盐和胡椒

制作方法

在番茄上切出长条切口，焯一下，将番茄去皮。然后将番茄去籽，切成丁。

将锅里的油加热并将切碎的蒜和洋葱放入翻炒，不要让它们变成金棕色。加入角鲨鱼排并烹饪之。倒入白葡萄酒，令其蒸发掉并加入番茄。

依个人口味加盐和胡椒调味并停止烹饪。如有必要，加少量水。最后，在将食物从火上取下之前加入欧芹。

番茄简史

番茄的历史是与意大利菜紧密地联系在一起的。尽管人们都知道番茄源自美洲，但很多人习惯上却将这种茄属植物看作纯粹的意大利特产。16世纪，番茄被引进了欧洲，以其装饰性而著称。有很长一段时间，人们都认为番茄是有毒的，植物学家皮耶特罗·安德烈·马修奥里在1544年便在《药物史五部曲》中对番茄进行了分类。番茄被视为神秘的兴奋剂和催情剂，在许多欧洲国家，番茄的名称都暗指这层意义（如今，这个意义仍旧存在于意大利语“番茄”一词之中，源自“金色的苹果”和“爱的苹果”）。基于同样的原因，在17世纪的法国，男性常用小番茄来向女性示爱。许多历史学家认为，“番茄”是对“摩尔人的苹果”的曲解，事实上，“番茄”之所以得名，是因为它与阿拉伯菜式中的主要蔬菜原料——茄子（一种茄属植物）在外观上很相似。番茄的种植遍及整个地中海地区，但最适合番茄生长的地区要数那不勒斯和萨勒诺之间的地带，因为那里有最适合番茄生长的理想地形和气候条件。经过相当长的时间，番茄才融入烹饪传统之中。在18世纪晚期，才有了番茄被用于烹饪和饮食（尤其是那些在那不勒斯遭受了严重饥荒的人）的最早证据。番茄酱使番茄取得了巨大的成功，受到了人们的普遍欢迎。番茄逐渐被人们所了解，成为人们生活中的必需品，成为一种风俗，这种融入要比番茄作为一种作物的起源重要得多。意大利人有着丰富的想象力和无穷的智慧，他们对番茄的“重新诠释”创造出意大利最有象征意义的作物。

烤火鸡鸡脯肉配榛子

Roasted turkey breast with hazelnuts

难度系数2

4人配料
制备时间：1小时（20分钟准备+40分钟烹饪）

800克火鸡鸡脯肉
500克花椰菜
200克榛子
100克洋葱
80克胡萝卜
60克芹菜
100毫升白葡萄酒
（根据需要添加）肉汤
（根据需要添加）玉米淀粉
2瓣蒜
依个人口味加鼠尾草
依个人口味加迷迭香
依个人口味加月桂叶
80毫升特级初榨橄榄油
依个人口味加盐和胡椒

制作方法

将火鸡鸡脯肉（用麻绳系好）放在加了一半橄榄油的平底锅中烤至焦黄，用大量的盐和胡椒调味。将洋葱、胡萝卜和芹菜切成丁，与一整瓣蒜和香草一起放入锅中。将所有食材烹饪几分钟，倒入葡萄酒并令其蒸发。然后将其放在烤箱中，要将烤箱预热到180℃。如有必要，不时地加少量汤。

待火鸡鸡脯肉好了以后，去掉蒜和香草并滤出烤火鸡鸡脯肉滴下的油滴。如有必要，加入一些玉米淀粉，注意要将玉米淀粉溶解在少量水中，以使它更黏稠。

加入榛子（将榛子放在不粘锅里烤并大致切碎），烹饪几分钟，让鸡肉充分吸收榛子的味道。

将花椰菜洗净，掰下其花部，并用马铃薯削皮器去掉花椰菜茎部的皮。将花椰菜放在加有少许盐的水中煮10分钟。加入另一瓣蒜，开始给锅中剩下的橄榄油加热。滤出花椰菜并将其加到锅中，烹饪5分钟，用勺子碾碎。依个人口味加盐和胡椒调味。

将火鸡鸡脯肉切成片并在上面浇上肉汁。将碾碎的花椰菜放在鸡肉旁一起端上桌。

干果

从目前的趋势来看，干果很少出现在关于“地中海饮食”的讨论中，这可能会令人们感到惊讶。但不要忘了，饮食习惯更多的是涉及文化、历史和社会习俗，而不仅仅是与营养价值有关。在与饥饿相抗争成为日常考验的时代，在农业用地不足、家畜稀少的地区，干果成为地中海居民的主要食物。由于含水量少，干果很容易保存，而且即便是妇女和儿童也能很容易在森林里采集到干果。干果的营养价值很高（它不但是脂类和蛋白质的重要来源，而且还富含对人体有益的多不饱和脂肪酸），是对人们饮食的一个重要补充。

玛萨拉酒炖鸡肉配甜椒

Chicken marsala with peppers

难度系数1

4人配料
制备时间：1小时（30分钟准备+30分钟烹饪）

1只鸡
100毫升特级初榨橄榄油
250克红甜椒
250克黄甜椒
100克洋葱
200毫升玛萨拉酒
300毫升肉汤
（根据需要添加）面粉
（根据需要添加）玉米淀粉
1小枝迷迭香
依个人口味加盐和胡椒

制作方法

将鸡切成几块。用盐和胡椒调味并薄薄地裹上面粉。用$\frac{2}{3}$的橄榄油翻炒鸡块。

将洋葱切成薄片并用剩下的橄榄油将洋葱和迷迭香一起翻炒。加入炒好的鸡肉，然后倒入玛萨拉酒并令其蒸发。将甜椒切成细条，加到锅中。将所有食材烹饪好，如有需要，不时地加些肉汤并依个人口味加盐和胡椒调味。

如果您喜欢浓点儿的调味汁，最后，将少许玉米淀粉溶解在几滴水中并充分搅拌。

鸡

现代家养的鸡起源于亚洲，由希腊人传到了整个欧洲。在古罗马，饲养家鸡十分流行，以至于古代著名美食家艾彼西奥偏激地推崇以家禽为主的烹饪组合。作为高雅的美食家，罗马人早已意识到要想得到最好的肉，饲料是非常重要的。他们用大麦粉和水的混合物，甚至用好酒浸泡的小麦面包来喂家禽。当然，这些都是贵族家厨房里的喂养策略，而不是平民家的。在中世纪鼎盛时期，鸡肉经历了一段黑暗时期，那时，（从血统和文化的角度上来说的）人们被强行改变饮食习惯。大约在1400年，鸡肉又再次流行开来，那时，欧洲宫廷日益复杂化，恰逢白肉的复兴和流行——根据那个时代人们的心态，（从颜色、味道、密度，甚至是食用方法上来说）鸡肉更适合贵族灵敏而挑剔的味觉。

海魴配茄子泥和罗勒酱

John dory with eggplant purée and basil sauce

难度系数1

4人配料
制备时间：1小时（50分钟准备+10分钟烹饪）

600克海鲂鱼排
400克番茄
1千克茄子
75克红洋葱
2瓣蒜
1束罗勒
150毫升特级初榨橄榄油
依个人口味加盐和胡椒

制作方法

在茄子上戳几个小洞并在每个小洞里插上蒜片。将烤箱预热到200℃，将茄子裹在铝箔中烘焙40分钟。待茄子好后，将其与50毫升橄榄油和少许盐一起打成茄子泥。

给番茄去皮、去籽，切成丁。将洋葱切成薄片。

将罗勒叶洗净并沥干。掺入50毫升橄榄油和少许盐搅拌均匀。

用剩下的橄榄油煎鱼排。用盐调味，然后加入洋葱和番茄。

将鱼和茄子泥置于每个盘中并在上面淋些罗勒油。

炖墨鱼

Braised cuttlefish

难度系数1

4人配料
制备时间：1小时15分钟（30分钟准备+45分钟烹饪）

800克墨鱼
50毫升特级初榨橄榄油
1束欧芹
150克洋葱
70克芹菜
1瓣蒜
300克甜菜
100毫升干白葡萄酒
依个人口味加盐和胡椒

制作方法

将甜菜洗净但不要将其沥干。将湿甜菜（不加任何水）与少许盐一起放在锅里，盖上锅盖，烹饪几分钟。

将墨鱼仔细洗净并将它们切成墨鱼条。

将洋葱、芹菜、蒜和欧芹切碎，放在橄榄油中一起翻炒，待变成金棕色以后，加入墨鱼。倒入白葡萄酒并令其蒸发。继续烹饪所有食材，如有必要加几滴水。当墨鱼变得很软时，加入大致切碎的甜菜。用盐和胡椒调味，完成烹饪。

菜园

自古以来，菜园在地中海菜肴中便起着根本性的作用，它的作用是如此之大，以至于时至今日，几乎每个意大利人的乡间住宅都有自己的菜园，当需要应季的食材时，便可以在自家菜园里采摘了。最初，菜园是与中世纪鼎盛时期的禁欲文化一起声名远扬的。许多作家都把菜园称为人间天堂的象征。意大利的风景是由一个个菜园点缀而成的，它们色彩鲜艳、界限分明（有大有小）。但大地到底为中世纪的餐桌提供了什么美味呢？读一读法国加洛林王朝时代的《庄园法典》、斯特拉博的《小花园》和希尔德加德关于植物学的专著，我们首先发现的是，那时的菜园里栽有装饰性的（一些是可食用的）植物、可药用的植物及滋养性的植物。起滋养作用的植物包括黄瓜、甜瓜、南瓜、甜菜、菠菜、洋葱、韭葱、小萝卜、豌豆，尤其是甘蓝——它毋庸置疑地成为穷人们的美食，简陋厨房中的瑰宝。在意大利半岛上还广泛地种植着香草，它们独特的芳香使意大利菜肴有别于欧洲的其他菜肴。

小墨鱼配豌豆

Small cuttlefish with peas

难度系数1

4人配料
制备时间：1小时（20分钟准备+40分钟烹饪）

800克小墨鱼
150克洋葱
1瓣蒜
1束罗勒
100毫升特级初榨橄榄油
5克切碎的欧芹
150克番茄酱
100毫升白葡萄酒
依个人口味加盐和胡椒
160克豌豆

制作方法

将墨鱼洗净并将其纵切为两半。分别将洋葱和蒜切碎。将罗勒切成丝并将欧芹切碎。

将炖锅置中火上，用橄榄油炒洋葱。加入墨鱼和蒜，烹饪几分钟。倒入白葡萄酒并令其蒸发。加入番茄酱、豌豆、欧芹和罗勒。用少许盐和胡椒调味，煮至墨鱼变软为止。

皇家罗勒

罗勒在世界上享有盛名，是意大利美食的象征。这种香草大概起源于印度，传说在亚历山大大帝远征之后，罗勒才被引进欧洲。罗勒的名字源自希腊语单词“basileus”（意为“国王”）。也许是因为罗勒的香味浓郁而独特，因此植物学家称其为“皇家草药”。一段时间以来，这种芳香植物的名称总是与“皇家”两字相关联。佩戴罗勒叶既象征着爱情，也象征着渴望取悦于人。也许这就是为什么在《十日谈》最悲惨的一个小说中，乔万尼·薄伽丘让绝望的丽莎贝塔将她的爱人的头颅埋在一个花盆里（她的爱人是被她的兄弟们杀害的），丽莎贝塔怀着极大的爱和忠诚在花盆里种上了芳香怡人的罗勒。

鱼肉串蘸西西里风味烧烤酱汁

Fish skewers in “salmoriglio” sauce

难度系数1

4人配料
制备时间：55分钟（45分钟准备+10分钟烹饪）

8个扇贝
8只虾
200克琵琶鱼鱼片
2条鲻鱼，每条约重200克（洗净并切成鱼片）
2个柠檬
1瓣蒜
5克切碎的欧芹
200毫升特级初榨橄榄油
50毫升水
依个人口味加盐和胡椒

制作方法

将扇贝和虾冲洗干净、去壳并将虾背部的虾线挑出。

将琵琶鱼切成小方块并将其穿在烤肉扦上，依次穿上扇贝、虾和切片的鲻鱼。

做西西里风味烧烤酱汁时，要先将橄榄油倒入一个碗中。加入柠檬汁和热水，用力搅拌。加入切碎的蒜和欧芹。在双层蒸锅里加热5~6分钟，不停地搅拌。

将一些西西里风味烧烤酱汁淋在鱼肉串上。烤鱼肉串，烹饪时浇抹更多的西西里风味烧烤酱汁。用盐和胡椒调味。

每人2串肉串，覆以剩下的西西里风味烧烤酱汁。

金枪鱼鞑靼配酸甜茄子和切碎的酸豆

Tuna tartar with sweet and sour eggplant and chopped capers

难度系数1

4人配料
制备时间：35分钟（35分钟准备）

350克金枪鱼
30克青葱（约3汤匙切碎的青葱）
50克腌酸豆
500克茄子
100克洋葱
75毫升白葡萄酒醋
10克糖
几片薄荷叶和罗勒叶
100毫升特级初榨橄榄油
依个人口味加盐和胡椒

制作方法

将洋葱细细切碎，将炖锅置小火上，加几汤匙橄榄油翻炒洋葱。

在不粘锅里放入少量橄榄油，将切成小方块的茄子放入翻炒。加入$\frac{2}{3}$杯醋和糖。完成烹饪，加薄荷和罗勒调味。

滤去酸豆中的水分并将其切碎，将酸豆与少量橄榄油混合在一起。

将金枪鱼切成丁并用盐、胡椒、切碎的青葱和剩下的橄榄油调味。将金枪鱼鞑靼与茄子和酸豆酱一起端上桌。

薄荷

不可否认，薄荷是中世纪和文艺复兴时期的烹饪中最重要的香草之一。快速浏览那个时代的烹饪书，我们会发现仅巴尔托洛梅奥·斯嘎皮（教皇的御用主厨）的《烹饪艺术集》就足以体现气味清新、味道甜润微辛的薄荷在许多菜肴中的重要性。但在美食的世界中，在看似随意的选择背后却往往暗藏着丰富的历史和复杂的象征意义。事实上，薄荷的故事起源于希腊神话及希波克拉底和盖仑的医学、饮食哲学。人类学家马塞尔·德蒂安指出，显然，某些烹饪原料还有其他用途，它们与较高级的文化之间存在着某种联系。对古人来说，季节、农业活动、香气、神圣或世俗的仪式都与日常饮食习惯密切相关。一个关于薄荷的神话便是一个完美的例子：冥王哈迪斯爱上了蜜斯，这使珀尔塞福涅妒火中烧，盛怒之下，她将蜜斯撕成了碎片。哈迪斯将蜜斯转变为我们今天所熟知的这种芳香植物——虽外表平平，却有着独特的芳香的薄荷。也许正因为这个古代传说，在西方文化中，薄荷才让人联想到爱情和死亡。

剑鱼鱼排配柠檬和酸豆

Swordfish steak with lemon and capers

难度系数1

4人配料
制备时间：30分钟（20分钟准备+10分钟烹饪）

400克剑鱼鱼排
25克腌制的酸豆
150克野苣
2个柠檬
50毫升特级初榨橄榄油
依个人口味加盐和胡椒

制作方法

将剑鱼切成4块。将盐和胡椒撒在鱼块正反面调味，并将它们摆放在涂有特级初榨橄榄油的烤盘中。

给柠檬去皮，将果肉切成丁，将流出的柠檬汁放在一旁备用。将酸豆洗净。将切成丁的柠檬和酸豆覆在剑鱼上。将柠檬汁倒在上面并淋上少量的特级初榨橄榄油。

将剑鱼放在180℃的烤箱中烘焙。如果怕鱼变得太干，就盖上铝箔。

将第二个柠檬榨汁并将柠檬汁与橄榄油混合，依个人口味加盐和胡椒。

用柠檬橄榄油汁拌野苣并与剑鱼一起端上桌。

杏仁和开心果碎裹琥珀鱼鱼排配洋蓟沙拉

Almond and pistachio-crusted amberjack steak with artichoke salad

难度系数1

4人配料
制备时间：50分钟（40分钟准备+10分钟烹饪）

500克琥珀鱼鱼排
40克酸豆
100克去了皮的杏仁）
100克开心果
4个洋蓟
1把薄荷
2个柠檬
100毫升特级初榨橄榄油
依个人口味加盐和胡椒

制作方法

将开心果和杏仁捣碎。将洋蓟外层坚硬的叶子去掉。将它们切半并去掉有毛的部分。将洋蓟切成薄片，放在加有少量柠檬汁的水中，柠檬汁能防止洋蓟氧化变色。

将琥珀鱼横切成厚片。将鱼片裹上杏仁和开心果碎。

将酸豆与50毫升特级初榨橄榄油混合在一起搅匀。

锅置中火上，用剩下的橄榄油的四分之一将琥珀鱼煎至焦黄。用盐调味并放在180℃的烤箱中烘焙5~10分钟，烘焙的时间取决于鱼块的大小。

滤去洋蓟中的水分，另取一个柠檬榨汁，用柠檬汁、剩下的橄榄油、盐、胡椒和细细切碎的薄荷给洋蓟调味。

将洋蓟沙拉、橄榄油拌酸豆与琥珀鱼一起端上桌。

杏树的意义

杏树树形优美，自中世纪时起，似乎便是许多神圣艺术中的一个象征物。杏树由两条弯曲的枝条构成，它们相互交叉，形成了一个完美的尖顶拱形。那时人们深信，“神秘的杏树”还象征着相互对立的两个极端的结合：善与恶，光明与黑暗，男性与女性，静止与运动等。在寓言式的世界观看来，这是中世纪的典型特征，一棵简单的杏树便能让人们联想起这种暗示意义。每个日常生活中的小物件都具有双重意义（真实的意义和象征意义）。就连杏仁这个被包裹在如皮革般坚硬外壳里的甜甜的种子也具有非常神秘的意义。

鲻鱼夹甜椒、扁豆配佩科里诺奶酪和塔加斯卡橄榄油

Mullet stuffed with peppers, lentils with sweet pecorino and taggiasca olive oil

难度系数1

4人配料
制备时间：55分钟（45分钟准备+10分钟烹饪）

4条大鲻鱼
250克红甜椒
150克扁豆
80毫升特级初榨橄榄油
80克胡萝卜
60克佩科里诺奶酪
70克芹菜
75克洋葱
40克塔加斯卡橄榄，去核（约9粒大橄榄）
依个人口味加月桂叶
依个人口味加盐和胡椒

制作方法

将鲻鱼洗净并切成片。

将整个甜椒放在烤箱中烘烤，然后将甜椒切成与鱼片差不多大的片。用盐和胡椒调味。

将扁豆、洋葱、胡萝卜、芹菜和月桂叶放在冷水中。将混合物煮沸，直到它们变软为止。滤掉多余的水分，用盐、胡椒、少量橄榄油和佩科里诺奶酪片调味。

将甜椒片夹在鲻鱼的鱼腹中，即将甜椒片放在两片鱼肉中间。用盐和胡椒调味并将它们摆放在烤盘上。将橄榄油淋在最上面并烘焙约10分钟。

同时，把50毫升特级初榨橄榄油掺入橄榄，搅拌均匀。将鲻鱼与扁豆和橄榄一起端上桌。

鱼汤

Fish soup

难度系数2

4人配料
制备时间：1小时30分钟~1小时35分钟（1小时15分钟准备+15~20分钟烹饪）

1千克可用来做汤的鱼类大杂烩（如鲉鱼、鲻鱼、灯鲂鮄、海鲂和墨鱼等）
500克贻贝
500克蛤蜊
12只虾
4只挪威海螯虾
400克成熟的番茄
50克黄洋葱
40克胡萝卜
30克芹菜
100毫升白葡萄酒
12片面包
3粒黑胡椒粒
3瓣蒜（其中1瓣蒜用来做克洛斯蒂尼面包，可选）
5克切碎的欧芹和1整枝欧芹
依个人口味加红辣椒
60毫升特级初榨橄榄油
3升水
依个人口味加盐

制作方法

刮去鱼鳞，将鱼洗净并横切成厚片。

做鱼汤时，将鱼头、鱼刺和洋葱、胡萝卜、芹菜、3粒黑胡椒粒及1小枝欧芹一起放在一锅冷水中。将混合物煮沸，炖1个小时左右，然后滤出汤汁。

将贻贝、蛤蜊和少量橄榄油、一整瓣蒜及欧芹放在锅中。用大火煮贻贝和蛤蜊，直到它们张口为止。去掉蒜瓣和一些贝壳，然后滤出锅中的液体。

给锅中的橄榄油加热。加入辣椒、其他（切碎的）蒜瓣和欧芹，在混合物尚未变成金棕色之前停止烹饪。倒入白葡萄酒并令其蒸发。加入番茄（将番茄去皮、去籽，切成丁）。将所有食材煮10分钟，然后开始加各种鱼肉，先加入那些不易做熟的鱼肉。加入鱼汤和煮贻贝、蛤蜊用的水。再煮4~5分钟。最后，加入蛤蜊和贻贝。依个人口味加盐调味并将少量橄榄油淋在汤中。

用松脆的烤面包做装饰（如果您喜欢，可以在面包上撒上蒜蓉）。

沙拉和蔬菜

毫无疑问，蔬菜的无所不在是地中海菜肴最突出的特征，作家、旅行家和早期的美食家在中世纪时就已经注意到蔬菜的重要性了。

这种烹饪习惯的产生是由多种因素造成的。首先，意大利的地形、地貌结构虽使蔬菜分布广泛，但却不利于大规模地饲养动物（尤其是不利于养牛），因此蔬菜成为人们的主食。其次，几百年来，不变的社会环境使大多数人都生活在贫穷之中，人们不可能吃到质量好、富含蛋白质的食物。事实上，众所周知，很长一段时间以来，只有少数特权阶级能吃到肉。一些专家认为，意大利的气候（其特征是夏季持续时间长，而且炎热、少雨）“自然而然地”并且几乎是本能地鼓励意大利人吃蔬菜和香草，而不是肉。最终，必然性转化为文化，文化又转变为某种品位，从而塑造出意大利独一无二的饮食传统。

意大利各个阶层的人都学会了热爱产自大地的果实。他们知道如何处理果实，如何用各种方法来烹饪果实，以及如何利用果实可食用的部分。几百年来，他们甚至还修改地形、塑造风景；他们征服了最后一寸可以使用的土地以种植更多种类的作物（我们称之为多种经营），最大限度地延长了种植的时间。各代农民的辛苦工作和不懈努力造就了非凡的丰富性，我们现在称之为“生物多样性”。

此外，增加的仅用于种植蔬菜和香草的大片土地进一步证明，意大利人对以蔬菜为主的饮食的选择是个人品位的问题。阿奇迪普诺·萨尔瓦托·马索尼奥的《学问之作》出版于1627年，这一事件有着特别重大的意义。这部奇妙的作品的名字源自一个（希腊语）新词，强调了蔬菜什锦、沙拉、香草、根茎、果实，甚至是花在膳食中所起的重要作用。事实上，根据希波克拉底的医疗与饮食理论（上千年来上层阶级所遵循的理论，也许下层阶级也遵循这一理论，只是不被人所知罢了），这些食物增进了人们的食欲。

在意式烹饪中，园栽和野生的蔬菜、香草（在富人的碗柜里，香草紧挨着那些珍贵的香料）、豆类、蘑菇和松露等长在森林地面的植物、绿色蔬菜和花受到了前所未有的关注和重视。

这种烹饪风格不仅体现出上层阶级与下层阶级在分享和交换环境资源知识方面的亲密关系，而且还象征着人们对土地的深深敬意，现在比以往任何时候都更应该对土地进行改造与重建。

茄子沙拉配茴香、橄榄和葡萄干

Eggplant salad with fennel, olives and raisins

难度系数1

4人配料
制备时间：50分钟（30分钟准备+20分钟烹饪）

500克茄子
200克红洋葱
400克红甜椒
300克番茄
100克黑橄榄
100克葡萄干
30克松仁
1束新鲜的野茴香
80毫升红葡萄酒醋
80毫升特级初榨橄榄油
2瓣蒜
15克罗勒（约30片罗勒叶）
依个人口味加糖、盐和胡椒

制作方法

分别将每种蔬菜洗净并切成丁。将葡萄干放在温水中浸泡15分钟，然后滤出水分并挤出多余的液体。

用中火给锅中的橄榄油加热，翻炒洋葱。加入茄子、甜椒、茴香和蒜。烹饪到茄子变软为止，这大概需要10分钟。然后加入橄榄和葡萄干。最后加入番茄。用罗勒、一小撮盐和大量胡椒给蔬菜调味。

盖上锅盖烹饪5分钟，令液体蒸发掉，不停地搅拌。掀开锅盖，加入糖和醋，继续烹饪，直到混合物变稠、蔬菜变软为止。

饰以罗勒和松仁（在特别烫的不粘锅里略微烘烤）。

用什锦蔬菜和碎茄子做的开胃食品

与深深地扎根在一个地区和民族的历史中的每个经典食谱一样，用什锦蔬菜和碎茄子做的开胃食品也有好几十种变体。这种传统菜肴用美味的什锦蔬菜配酸甜酱，它常常是下层阶级的主要食物，他们的餐食每顿只有一道菜，有时还会配有一大块面包。随着时间的推移，人们已经弄不清这道菜名字的起源了。一些学者认为，毫无疑问，“用什锦蔬菜和碎茄子做的开胃食品”（caponata）这一术语源自贵族的饮食习惯，他们常将这道色彩缤纷的沙拉作为配菜与鲂鱼一起食用。另一些人则认为，它是指“cauponae”，即船员们经常去的酒馆，它们是充满活力的地方，常提供“穷人们吃的菜肴”。尽管这些菜肴很粗劣，但它们却味道鲜美、香气扑鼻。

卡拉苏薄饼配烤蔬菜和莫扎里拉水牛奶酪

Crispy “carasau” flatbread with grilled vegetables and buffalo mozzarella

难度系数1

4人配料
制备时间：40分钟（40分钟准备）

4片撒丁岛卡拉苏薄饼
300克西葫芦
800克茄子
450克成熟的番茄
250克莫扎里拉水牛奶酪球
罗勒，切成丝
依个人口味加特级初榨橄榄油
依个人口味加盐和胡椒

制作方法

将西葫芦洗净并将其纵切成薄片。给茄子去皮并将其切成圆形的薄片，然后撒上盐，将其放在滤网中，至少5分钟以后取出，这样就能将茄子中有苦味的液体排净。

同时，将西葫芦放在滚烫的烤架上烤。待西葫芦烤好以后，再烤茄子。在烤西葫芦时，将茄子控干。

将番茄和莫扎里拉水牛奶酪球切成同样厚度的厚片。

将每张卡拉苏薄饼分为3~4块并将原料摆放在上菜盘上。先放1片面包，再放1片西葫芦，然后放1片茄子、1片番茄和1片莫扎里拉水牛奶酪。在上面淋上橄榄油，然后再撒少许盐、胡椒和少量罗勒。将另一片面包放在上面。重复这一过程，直到所有的原料都用完（这些原料应该够做3层的）。在每个“塔”的顶部放1片番茄和莫扎里拉奶酪。在上面淋些橄榄油，撒些罗勒。

西式大饼

在文学、艺术，甚至是宗教崇拜中，西方文化都是以面包的存在为显著特征的。就流行词汇、习惯用语和俗语而言，每种语言都充满着对这种食物的指涉。面包的各种形状、大小和类型都有着特定的名称。在集体意识中，“面包”一词（面包是人类饮食系统中的基本组成成分，可将水和面粉以传统方式组合在一起或用不同的方法将水和谷物一起烹饪）与“基本营养物”同义。卡拉苏是一种典型的撒丁岛面包，在意大利，人们称它为“活页乐谱”。这种面包像一张大唱片，口感干、脆，保存时间长，要认真准备才能做出形状和口感都非常好的面包。由于这种面包很容易长期保存，因此对于农民和牧民来说，是非常实用的。面包的制作秘方是由本土传统发展而来的，几百年来都不曾改变，对乡村地区的发展有着重要的社会意义。

玛萨拉葡萄酒泡博雷塔内洋葱

Borettane onions in marsala glaze

难度系数1

4人配料
制备时间：35分钟（15分钟准备+20分钟烹饪）

800克博雷塔内洋葱
40克黄油
40克糖
100毫升玛萨拉葡萄酒
250毫升牛肉汤
依个人口味加盐

制作方法

将洋葱去皮、洗净，然后将洋葱和黄油、糖一起放在锅中加热。

待糖融化后，倒入玛萨拉葡萄酒并令其蒸发。慢慢加入牛肉汤，盖上锅盖，用小火煮。

在洋葱快好时，掀开锅盖，令液体蒸发，达到最佳黏稠度。

玛萨拉葡萄酒：一场暴风雨和一个英国人

人类的活动并不是影响意大利美食发展的唯一因素，有时美食的发展也受机会的影响，玛萨拉葡萄酒的故事便是最好的例子。玛萨拉葡萄酒是一种以其产地城市的名称命名的加酒精的葡萄酒。18世纪晚期，由于遭遇到了风暴，一个名叫约翰·伍德豪斯的英国商人被迫将船停泊在玛萨拉港口。这使他有机会品尝到当地的美酒，这种酒给他留下了深刻的印象。由于每年人们都会在去年剩的半空的酒瓶中兑入新的葡萄酒，将酒瓶装满，因此这种酒便得名为“无穷”。伍德豪斯敏锐的商业意识告诉他，这种在很多方面都和波特酒、马得拉白葡萄酒相似的葡萄酒将会在英国风靡，因此他将几箱葡萄酒运到家，以评估其销售潜力。他的预感是正确的，销售玛萨拉葡萄酒让他赚了很多钱，大概也让当地的农民赚了很多钱，因为他们纷纷将自己的商店卖给了伍德豪斯。

意大利凤尾鱼沙拉配新鲜蔬菜

Italian anchovy salad with fresh vegetables

难度系数1

4人配料
制备时间：20分钟（20分钟准备）

600克未熟透的番茄
200克黄甜椒
200克黄瓜
150克红洋葱
40克盐渍凤尾鱼
50克利古里亚黑橄榄（约12粒大橄榄）
4~5片罗勒叶
15毫升葡萄酒醋
50毫升利古里亚牌特级初榨橄榄油
1瓣蒜
依个人口味加盐

制作方法

将凤尾鱼冲洗干净并去掉鱼刺。

将所有的蔬菜都冲洗干净。将洋葱切成薄片，甜椒切成小条，黄瓜切成圆片，番茄切成薄片或楔形。

将所有蔬菜放在一个大沙拉碗中并加入橄榄、凤尾鱼（切半）、用手撕碎的罗勒和一整瓣蒜（如果您喜欢更浓郁的味道，可将蒜切成薄片）。

用盐、橄榄油和醋给沙拉调味。将所有食材浸泡10分钟左右，然后端上桌。

意大利调味汁

诚然，意大利人特别偏爱生的或煮熟的蔬菜，这是毫无疑问的，但当您多读一读过去的著作，您便会发现另一个我们之前很少关注的问题。蔬菜的准备方法、各种吃法（甚至是嚼法）和传统的调味方法其实都是以文化因素为基础的。巴尔托洛梅奥·萨基，又名普拉蒂纳，是15世纪的一名人文主义者兼美食家。在他的专著《论正确的快乐与良好的健康》中，他详尽地描述了无比美味的意大利调味汁的做法：先放入大量的盐，然后倒入上等的橄榄油（用手搅拌均匀），再加上一点儿好醋。混合均匀以后，将蔬菜浸软，令风味和香气完美地混合在一起。哪怕是在最简单的调味品中，著名的“地中海三元素”中的两大元素——葡萄和橄榄也联起手来，这并非巧合。

蚕豆酱配炸菊苣和面包屑

Fava bean purée with fried chicory and breadcrumbs

难度系数1

4人配料
制备时间：1小时（10分钟准备+50分钟烹饪）

100克洋葱
500克（新鲜的）蚕豆（或冻蚕豆）
100毫升特级初榨橄榄油
500克菊苣
150克不新鲜的面包
1.5升蔬菜汤
依个人口味加盐

制作方法

将洋葱切碎，在锅中加入三分之一的橄榄油，轻炒。加入蚕豆（事先将蚕豆焯一下，去皮）并将其煮几分钟，然后加入热汤。用盐调味并再将蚕豆煮30分钟。豆煮好以后，掺入浓稠的酱汁搅拌均匀。

用盐水焯菊苣并用剩下的一半橄榄油轻炒。

将面包搓成面包屑并用剩下的橄榄油炸，直到面包屑变得酥脆。

将菊苣端上桌，旁边配蚕豆酱并在上面撒些炸面包屑。

蚕豆和毕达哥拉斯

尽管在古代人们大量食用豆类，尤其是下层阶级，但蚕豆的故事却是奇妙的，在某种程度上来说也是神秘的。哲学家毕达哥拉斯不让他的弟子们吃蚕豆。在公元前5世纪末，毕达哥拉斯流派在大希腊十分活跃。加入这一流派的弟子们必须遵守严格的规范，如饮食规则等。事实上，毕达哥拉斯是西方世界第一位素食主义倡导者。但是“蚕豆禁忌”背后的真正原因仍是个谜。可能是纯粹的身体反应的结果——长期吃蚕豆会导致身体上的严重不适（即蚕豆病），从而引发遗传性疾病。这种遗传病似乎在意大利南部地区十分普遍。但做出这种奇怪的选择也很有可能是由于人类学的缘故。继毕达哥拉斯的奇特观点之后，数个世纪过去了，意大利烹饪史重新定义了蚕豆的形象，它在许多美味的菜肴中闪亮登场。

油炸南瓜花配西葫芦、橄榄油和凤尾鱼

Fried stuffed squash blossoms with zucchini, oil and anchovies

难度系数2

4人配料
制备时间：45分钟~46分钟（40分钟准备+5~6分钟烹饪）

12朵南瓜花
180克西葫芦
20克油浸凤尾鱼
40毫升特级初榨橄榄油
15毫升温水
50克面粉
油炸用的橄榄油

馅
300克里科塔奶酪
60克帕马森干酪，磨碎
6片薄荷叶，切碎
依个人口味加盐和胡椒

面糊
200毫升冷水
200克通用面粉
1个鸡蛋

制作方法

将南瓜花洗净并去掉雌蕊，当心不要撕坏花瓣。

将和馅用的原料混在一起，并用一把木勺搅拌均匀，依个人口味加盐和胡椒调味。用一个糕点裱花袋来装南瓜花。

将西葫芦切成细丝并用少量橄榄油、盐和胡椒炒。

在凤尾鱼里加入橄榄油和水，用浸入式搅拌器将其打成肉泥。滤掉混合物中残留的鱼刺。

将大碗中做面糊的原料快速搅拌均匀。在南瓜花上稍撒点面粉，将它们在面糊里蘸一蘸，每次炸几朵。让多余的橄榄油排干，然后将南瓜花放在纸巾上。撒点盐并将南瓜花转移到盘子中。将油炸南瓜花与西葫芦一起端上桌，并在上面淋上凤尾鱼调味汁。

炸蔬菜

Fried vegetables

难度系数1

4人配料
制备时间：35分钟（30分钟准备+5分钟烹饪）

150克西葫芦
50克甜椒
150克茄子
150克特罗佩亚洋葱
50克南瓜花
200毫升牛奶
200克面粉
依个人口味加特级初榨橄榄油
依个人口味加盐

制作方法

将蔬菜洗净、去皮并将除了南瓜花以外的所有蔬菜都切成细丝。

给大锅中的大量橄榄油加热。

将所有蔬菜和南瓜花都浸在牛奶中。裹上面粉，甩掉多余的面粉，放在橄榄油中炸。

待它们变成金棕色后，用滤勺将它们移到纸巾上控干。

撒些盐并趁热端上桌。

菜园

也许地中海烹饪，特别是意大利烹饪最突出的特征便是蔬菜的无所不在。不论是野生的香草、根茎，还是花园里栽种的蔬菜，其重要性都是不容置疑的。在反宗教改革运动中，学者贾科莫·卡斯特尔维特罗逃到了英国，他注意到了地中海烹饪的这一特征。由于远离了家乡，他非常怀念家乡菜的做法，即在日常烹饪中使用蔬菜和沙拉，他思考着意大利人大量食用蔬菜和沙拉的原因。在卡斯特尔维特罗看来，第一个原因在于意大利适合耕种的土地少，农作物的产量低，不适于大规模地饲养动物。第二个原因在于意大利的气候——意大利半岛很炎热且阳光充足，不宜吃大量的肉。这些客观的地形上的经济和结构因素影响了个人和群体的品位，随着时间的推移，演变成主观的、具有象征意义的、文化方面的因素。

洋蓟沙拉配帕马森干酪

Artichoke salad with parmesan cheese

难度系数1

4人配料
制备时间：20分钟（20分钟准备）

4个洋蓟
120克帕马森干酪
2个柠檬
4~5片薄荷叶
50毫升特级初榨橄榄油，最好是利古里亚牌橄榄油
依个人口味加盐和胡椒

制作方法

将洋蓟洗净，去掉洋蓟外层的叶子和刺。将茎部洗净并将它们放在水和柠檬汁的混合液中浸泡15分钟。

将帕马森干酪磨碎或切成薄片。

将柠檬汁、橄榄油及少许盐和胡椒一起搅拌均匀。

将洋蓟切半，如果需要，去掉内部粗糙的纤维。将它们切成薄片并拌以用柠檬和橄榄油混合而成的乳状液。

将洋蓟摆在盘子中央。覆以帕马森干酪片、用手撕碎的薄荷叶和少量冷榨橄榄油。

洋蓟

蒙田在《蒙田在意大利的旅行日志》中惊喜地记录道，自16世纪晚期起，在意大利，人们常常生吃洋蓟。洋蓟或许是从野生刺菜蓟演变而来的，意大利人非凡的农业技术和创意美食造就了今天我们所熟知的超凡产物——洋蓟。人类再一次固执地想要通过一系列植物学上的嫁接实验来改造自然以使其适合自己的口味。在16世纪，洋蓟开始传播开来。与所有人们知之甚少的植物一样，洋蓟立刻被赋予象征性的意义，人们深信它在医学和科学上都具有非凡的意义。例如，洋蓟作为激发性欲的特效药的名声，也许解释了为什么有些家庭不让年轻人食用洋蓟。

烤蔬菜什锦配托斯卡纳佩科里诺奶酪

Roasted vegetable medley with tuscan pecorino

难度系数1

4人配料
制备时间：1小时50分钟（1小时30分钟准备+20分钟烹饪）

250克茄子
200克西葫芦
200克黄甜椒
200克红甜椒
160克胡萝卜
150克特罗佩亚洋葱
120克成熟的番茄
100克托斯卡纳佩科里诺奶酪
50毫升特级初榨橄榄油，最好是托斯卡纳牌橄榄油
依个人口味加罗勒
依个人口味加盐

制作方法

将茄子、胡萝卜、洋葱和西葫芦洗净并切成片。将番茄切成楔形。

将切成片的蔬菜和所有甜椒（给甜椒去皮并将其切成宽条）放在烤架上烤。将它们和橄榄油、少许盐及撕碎的罗勒全都放在一个碗里。将它们放在卤汁中浸泡至少1小时。

将佩科里诺奶酪切成或磨成薄片。

将蔬菜摆在上菜盘的中央。覆以佩科里诺奶酪片并在上面淋点托斯卡纳牌橄榄油。

食物的颜色

中世纪、文艺复兴时期和意大利巴洛克时期的高级烹饪法非常重视一道菜的视觉效果。在中世纪，这不仅仅是一种简单的美学问题。事实上，颜色有着非常具体的象征意义，即使在烹饪语境中，它们也是实现某一特定目的的一种手段。原料本身鲜艳醒目的自然色，再加上珍贵的香料（如藏红花等）的颜色或食用色素的颜色构成了食物斑斓的色彩。至于各种颜色的象征意义，如白色象征着纯洁和平衡，即使在今天的意大利，也建议有胃病的人吃白色的食物（或尽量吃清淡的食物）。这并非巧合。红色象征着力量和本能。蓝色让人联想起神秘主义和自我提升。最后，黄色不容辩驳地成为过去贵族生活王者风范的象征。至于金色和日光色则被认为是神灵在人间的真实显现。

面包沙拉

Panzanella

难度系数1

4人配料
制备时间：15分钟（15分钟准备）

1千克不新鲜的托斯卡纳乡村面包
30克凤尾鱼
200克切成丁的番茄
120克无籽黄瓜
150克洋葱
50克甜椒
1瓣蒜，切碎
5克酸豆，冲洗干净
1束罗勒
15毫升红葡萄酒醋
80毫升特级初榨橄榄油，最好是托斯卡纳牌橄榄油
3克盐
依个人口味加黑胡椒

制作方法

将面包切成棱长2厘米的立方体，保留面包皮。

将蒜、凤尾鱼和酸豆都细细切碎，放在一个大碗里。加入盐、现磨的胡椒、醋和橄榄油并搅拌均匀。将蔬菜切丁并和面包放在一起。再次搅拌均匀，如有需要，用盐和胡椒调味。

如果能提前一天准备面包沙拉，它的味道会更好。将面包冷藏一夜，好让所有调料都入味。

面包文明

农耕文化被定义为“面包文明”绝非巧合。面包很可能是人类历史上第一个复杂的烹饪产品，一般认为，它象征着人与其他物种之间的巨大差异。其他物种只能吃大自然赐予它们的食物，无法对食物进行改进。荷马将人类定义为“吃面包的人”，似乎这种看似简单的食物包含了“文明”的一切内涵。因此，在过去，人们对面包有着崇高的敬意，这是因为在仅能维持生存的经济体制下，如在古代地中海地区的经济体制下，没有什么食物是可以浪费的。事实上，孩子们是绝对不许拿面包来玩的，也决不许在吃饭的时候将面包糟蹋成面包屑。将面包倒放在桌上被认为是要有厄运降临了。将面包扔掉的任何人都会遭到严厉的惩罚。这些例子足以证明许多意大利菜肴的历史渊源和人类学起源，这些菜肴都对不新鲜的面包进行再利用和重新诠释，如今，这种烹饪上的重生依然深受人们青睐。

西葫芦帕马森干酪

Zucchini parmesan

难度系数1

4人配料
制备时间：1小时20分钟（1小时准备+20分钟烹饪）

番茄酱
20毫升特级初榨橄榄油
1瓣蒜
300克碾碎的番茄
依个人口味加盐和胡椒

西葫芦帕马森干酪
600克西葫芦
50克面粉
300克番茄酱
2个鸡蛋
150克马苏里拉奶酪
100克帕马森干酪，磨碎
油炸用的特级初榨橄榄油
依个人口味加罗勒
依个人口味加盐

制作方法

将蒜去皮并用橄榄油将蒜加热3~4分钟，在它开始变为棕色之前停止烹饪。加入碾碎的番茄，用盐和胡椒调味，并将其在中火上热20分钟。

将西葫芦洗净并将其纵切为约3毫米厚的薄片。将马苏里拉奶酪也切成薄片。

在西葫芦片上裹上面粉和鸡蛋，并将它们放在大量的沸油中炸。将它们摆在纸巾上并撒点盐。

将一薄层番茄酱涂在烤盘上。上面覆一层炸西葫芦，然后加一层马苏里拉奶酪，最后再加一层番茄酱。撒些撕碎的罗勒和磨碎的帕马森干酪。再摆一层西葫芦并按同样的顺序重复上面的操作，直到将原料都用完。最后放一层西葫芦。

覆以酱汁和帕马森干酪，然后放在预热到180℃~190℃的烤箱中烘焙，直到表面变成金色、起泡为止。至少冷却15分钟以后再端上桌。

奶酪之王——帕马森干酪

毫无疑问，在世界上，帕马森干酪是所有意大利奶酪中最为著名的，是奶酪中当之无愧的“王者”。人们依然在用几百年来流传的精湛技艺来制作各种不同类型的帕马森干酪，倡导人、动物和环境的完美平衡。得益于开拓了波河流域并在那里定居的修道士，人们开始大规模养牛，用大量高品质的牛奶来做熟化的、坚硬的“意大利面食奶酪”。这一非凡的产品背后隐藏着大量艰苦的工作和悠久的文化史，为了能理解这些，人们只需知道，制作1个奶酪轮，需要600毫升的牛奶。目前的科学研究对奶酪的味道的评估表明奶酪在饮食上具有极高的营养价值，而且，这也证实了每日食用奶酪是一种正确的选择。事实上，帕马森干酪被认为是一种健康、安全、易消化且营养均衡的产品。

番茄灌大米

Tomatoes stuffed with rice

难度系数1

4人配料
制备时间：40分钟（20分钟准备+20分钟烹饪）

60毫升特级初榨橄榄油
4个在蔓藤上自然成熟的番茄
100克罗马大米或圣安德烈亚大米
20克牛至
4片罗勒叶
半瓣蒜
依个人口味加盐

制作方法

将大米放在盐水中煮10分钟。滤去水分并令其冷却。

将番茄的顶部切掉并将番茄挖空。将取出的果肉以及牛至、罗勒和蒜一起细细切碎。依个人口味将橄榄油和盐加到混合物中调味，然后将混合物放在大米中搅拌均匀。

将大米混合物装在番茄中，将之前切去的番茄顶放回原位，然后再将它们摆放在铺有铝箔的烤盘中。

将它们放在预热到160℃的烤箱中烘焙15~20分钟，待其冷却以后再端上桌。

芳香怡人的香草

当提到地中海烹饪时，芳香怡人的香草很可能会最先浮现在您的脑海之中。没有哪一种烹饪传统能像地中海菜肴这样让人们立刻就联想起新鲜的香草（无论是野生的还是栽培的）及其怡人的香气。尽管它们看似是次要的，但浏览中世纪和文艺复兴时期的烹饪书，人们就会发现它们在烹饪学方面的重要意义。随着时间的推移，某些香草在各种食谱中的等级和地位发生了变化。在中世纪和文艺复兴时期，薄荷和马郁兰是最流行的，其次是迷迭香、欧芹、鼠尾草和茴芹。但是，如今却是罗勒一统天下，而在过去，它的地位非常低，完全是非主流的，与它的地位一样微乎其微的还有月桂树叶、猫薄荷和紫蘩蒌。

蔬菜杂烩

Ratatouille

难度系数1

4人配料
制备时间：30分钟（10分钟准备+20分钟烹饪）

200克茄子
300克西葫芦
200克番茄
180克洋葱
100克红甜椒
100克黄甜椒
1瓣蒜
4片罗勒叶
100毫升特级初榨橄榄油
依个人口味加盐和胡椒

制作方法

将茄子、西葫芦、番茄和甜椒一起洗净并将它们切成2厘米见方的块。洋葱去皮，切成片。

锅置中火上，加入橄榄油、整瓣蒜和洋葱。让它们变软，然后加入甜椒。几分钟后，加入茄子，最后加入西葫芦。将蔬菜烹饪几分钟，然后加入番茄并用盐和胡椒调味。将所有食材放在小火上烹饪，待食物做好以后，用撕碎的罗勒调味。

地中海文化中的蔬菜

毫无疑问，普遍存在于地中海饮食中的蔬菜给了安塞尔・凯斯博士和他的同事们很多启迪，使他们能概括出被称为“地中海式饮食”的营养和饮食模型。众所周知，使用各种香草和蔬菜一直是意大利烹饪的典型特征。《烹饪之书》就是最好的证明。该书可追溯到13世纪，甚至是12世纪，开篇记载了一系列做蔬菜的秘方。甘蓝、菠菜、茴香和香草一直在意大利烹饪史中发挥着重要的作用。

烤红球甘蓝

Baked red cabbage

难度系数2

4人配料
制备时间：1小时（30分钟准备+30分钟烹饪）

400克红球甘蓝
30毫升高脂浓奶油
50毫升特级初榨橄榄油
25毫升醋
20克洋葱
200克绿色蔬菜什锦
20毫升摩德纳芳香醋
2个鸡蛋
60克帕马森干酪
混合香草（可选）
依个人口味加盐和胡椒

制作方法

在盐水中加入少量醋，然后将甘蓝放在混合物中焯一下，令其冷却并控干。

将细细切碎的洋葱放进橄榄油中进行烹炒。将甘蓝大致切碎，并将切好的甘蓝放在洋葱中和洋葱一起烹炒几分钟。待其冷却以后，拌入鸡蛋、高脂浓奶油和磨碎的帕马森干酪。依个人口味加盐和胡椒。

将混合物转移到每个小烤盘中，进行水浴加热。在预热到160℃的烤箱中烘焙30分钟左右。

用冷榨橄榄油、芳香醋和少许盐给绿色蔬菜什锦调味。与烤甘蓝一起端上桌并点缀上香草。

生活的“苦涩”味道

如果必须用一种味道来定义所有的社会状况的话，人们肯定会选择“苦涩”，这不仅是因为醋（可被视为一种“变质的”葡萄酒）一直是每个人都食用的一种调味品，还因为农民和下层阶级习惯吃的腌制、泡制的食品也常常是用醋做成的。值得一提的是，“酸”味在历史上也是十分受人们欢迎的，尽管有权势的富人可以选择使用改良过的更贵的“酸甜味”的醋。根据古罗马的饮食习惯，在宴席上的每个角落都有一小碗醋，这样人们就可以在各道菜的间隙将面包放在醋里蘸着吃，来重新激发他们的味觉。几乎在所有的阿彼西奥烹饪法（古代最著名的烹饪法）中都有醋，而且罗马时代的许多调味汁也是以酸味为基础的。醋还可以用于治疗或加到水中做成被称为“醋水”的滋补性饮料。

烤菠菜和洋蓟煎蛋饼

Baked spinach and artichoke omelette

难度系数2

4人配料
制备时间：1小时（30分钟准备+30分钟烹饪）

蛋饼
3个洋蓟
200克菠菜
2个鸡蛋
60毫升高脂浓奶油
30克帕马森干酪，磨碎
25毫升特级初榨橄榄油
15克黄油
15毫升柠檬汁
1瓣蒜
依个人口味加盐和胡椒

萨白利昂甜点
1个鸡蛋
2个蛋黄
15克糖
40毫升白葡萄酒醋
80毫升水
依个人口味加盐和胡椒

制作方法

将菠菜洗净。将洋蓟洗净，切成楔形。将切好的洋蓟放在水中，加入柠檬汁，放在一旁备用。

给锅里的橄榄油加热，并加入一整瓣蒜。滤掉洋蓟中的水分，将其倒在锅中，烹饪2~3分钟。将菠菜撕碎，放在锅中快速烹饪，用盐和胡椒调味。加入50毫升的水，将所有的食材放在中火上烹饪5~6分钟。去掉蒜并将所有食物放在食品加工器或蔬菜搅拌器中打成菜泥。

将菜泥转移到一个碗中，掺入鸡蛋、帕马森干酪、高脂浓奶油和少许盐、胡椒。将混合物倒进涂了橄榄油的模具里。

将烤箱预热到160℃，进行水浴加热，烘焙25~30分钟。待煎蛋饼冷却以后将其从模具中取出。

在烘焙煎蛋饼的同时，做萨白利昂甜点。将整个鸡蛋、蛋黄与糖一起放在锅中搅拌。将它们混合均匀并加入水、醋和少许盐、胡椒。用双层蒸锅加热，不停地搅拌，直到调味汁体积倍增，颜色变淡，形态变得轻盈为止。

趁煎蛋饼还热的时候就将其与酸甜口味的萨白利昂甜点一起端上桌。

腌炸西葫芦

Marinated fried zucchini

难度系数1

4人配料
制备时间：30分钟（30分钟准备）+12小时腌泡

500克西葫芦
100毫升葡萄酒醋
100毫升水
1把薄荷
1瓣蒜
10粒胡椒粒
油炸用的特级初榨橄榄油
依个人口味加盐

制作方法

将西葫芦洗净并将其切成细条。

给平底煎锅中的大量橄榄油加热并炸西葫芦（每次炸一点），将其炸成金棕色以后，用一把滤勺将它们取出。

用盐调味并将它们摆在碗中，加入大致切碎的薄荷。

将醋、胡椒和切成薄片的蒜加入水中，煮5~6分钟。可以改变水和醋的比例，这取决于您是否喜欢酸味。将热的腌泡汁倒在西葫芦上。

待西葫芦冷却以后，将其放在凉的地方储存，最好是放在冰箱里，以备第二天食用。

一个奇怪的例子——腌炸食品

腌炸食品的秘方源自13世纪的《烹饪之书》。它是精英人士餐桌上的流行菜肴之一，是人们为了保存并最终运送某些食品而发明的烹饪方法。阿彼西奥是罗马帝国时代的一名厨师，在《论厨艺》中，他建议用橄榄油炸鱼，将鱼沥干并马上在上面倒上大量的醋。这种做法仍与发明者的名字联系在一起，术语腌炸食品可能源于拉丁语短语“esca Apicii”的缩写，意为“阿彼西奥的食物”。但这一名称更像是源于阿拉伯语，通过西班牙人的油炸调味鱼传到了意大利。在13世纪，腌炸食品出现在皇家餐桌上。斯瓦比亚王朝的菲里德里克二世似乎十分喜欢用这种方法做的鱼，皇家主厨伯纳多特别擅长这种做法。14世纪的烹饪书又将腌炸食品归为大众食品，尤其是在小酒馆，所以它被称为“酒馆风格的腌炸食品”。与其相对的另一种烹饪方法被称为“醋泡”，事实上，这种做法已经超越了社会阶层的限制，深受富人和穷人们的一致欢迎。16世纪的梵蒂冈厨师巴尔托洛梅奥·斯嘎皮认为醋泡鱼值得放在教皇的餐厅，而蒙田却在提到福利尼奥（佩鲁贾）的一个小酒馆时认为醋泡鱼只配给地位低下的普通百姓吃，他评论道，似乎像这样的地方除了腌鱼之外什么菜也没有了。故事的寓意总是相同的：富人们能够随心所欲地享受流行的美食传统，而穷人们则是迫不得已地接受那些传统。

甜点

尽管似乎我们所有人自出生起就喜欢甜味（这大概是因为甜食往往是食物的活力和热量的最佳体现），但实际上吃糖分含量高的食物在最近才成为惯例。自古以来，蜂蜜就是人们使用得最为广泛的甜味剂。将这种珍贵的物质和谷物混合在一起就做成了简易版的佛卡恰，与其说它是一种甜点，还不如说它是一种甜面包，在意大利，还有不计其数的传统菜肴属于这个范畴。

在意大利，人们还创造出一系列精致超凡的甜点，虽然做这些甜点的原理都是一样的，但不同地区的甜点演化的方向却不尽相同。追溯甜点的普遍发展脉络，我们发现，甜点的演化主要与季节的变化有关，与地理位置也有些关联。由于季节的变化，不同时令里做的面包所采用的原料也不尽相同，因此面包的味道也就有了差异。葡萄汁（常被用作甜味剂）、栗子和干果都是在秋天使用的，去掉水分的水果或（加工过的）蜜饯是在冬天使用的，而奶制品和新鲜的奶酪则在春天使用。历史因素和经济因素也会影响当地的风俗习惯。在南方，人们普遍用里科塔奶酪、葡萄汁、杏仁、无花果和水果蜜饯来配主要用小麦粉和橄榄油做的普通面团。而在北方，牛奶、黄油和奶油是脂肪的主要来源，利口酒令食物芳香怡人，选用的谷物也更加多样化（如大米、玉米等，在一些地区，还有黑麦或荞麦）。总的来说，典型的口味有苹果味、浆果味、栗子味、榛子味和干果味。同样，葡萄干和其他干果也随处可见。

真正的油酥糕点制作革命与糖的引进不谋而合，我们可以看到，其转折点就在17世纪。糕点的制作技艺变得更加精湛，更复杂的烹饪法发展起来（如酥皮糕点、千层饼和奶油的制法等），其他烹饪法也变得更加完善了（如糖果、明胶、蜜饯和曲奇的制作等）。巴洛克时代是与糖打交道的神奇时代，被称为“胜利”的用糖做的巨大面雕是每个体面的贵族宴会上的中心装饰品。但在这里我们还要提及糕点制作的另一面——虽然目前，许多人会毫不犹豫地将一些甜食归到美食学的标签之下，然而这些甜食在过去从未被归入到如此严格的分类之中。例如，糖果、明胶、蜜饯和带香味的水就位于“调味品”和烹饪品之间。尤其是糖果，人们认为它与药丸是一类的。

为了见证现代糕点制作的新生，我们必须要经历“美食的革命”——随着中产阶级开始在这一领域崛起，贵族的烹饪传统衰落了；法式大餐被更合理、更讲究节约的俄式大餐所取代；由于糖变得越来越普遍，越来越受欢迎，糖的价格也降了下来。

栗子蛋糕

Chestnut cake

难度系数1

4人配料
制备时间：55分钟（15分钟准备+40分钟烹饪）

400克栗粉
80毫升水
75克葡萄干
30克松仁
依个人口味加茴香籽
30毫升特级初榨橄榄油
少许盐

制作方法

将葡萄干放在热水中浸泡15分钟。滤出葡萄干，将水分挤干。

将栗粉放在一个碗中，加少许盐并慢慢地调以水，不停地搅拌，直到形成光滑的、半流质的面糊。

将一些橄榄油涂在蛋糕烤盘中，倒入面糊。在面糊里撒上葡萄干、松仁和少许茴香籽。将剩下的橄榄油淋在上面。

将蛋糕放在预热到160℃的烤箱中烘焙40分钟左右。

栗子文化

许多古典主义作家——如荷马、泰奥弗拉斯托斯、科卢梅拉、斯特拉博和普林尼等——都提到了栗子及它在烹饪上的万能性，记载了栗子的不同栽培方法，并进一步证实了这种农事活动所包含的惯常做法。在《论厨艺》一书中，阿彼西奥为我们提供了最古老的做栗子的秘方。伟大的维吉尔借牧羊人提屠鲁之口暗示，将栗子这种坚果（大概要先将栗子放在牛奶中煮一会儿）与熟透的水果和新鲜的奶酪混合在一起。显然，这是一顿简餐，但从营养学的角度来说，却是完整的，在日常生活中，栗子在经济状况不是很好、仅能维持人们生存的地区起着至关重要的作用。在《农事诗集》中，弗吉尔建议将栗子与山毛榉嫁接，这样便能增强栗子的抵抗力了。这证实了人类与栗子之间有着密切的关系，人们热衷于对植物进行栽培、改造和控制。由于栗子有很多种变体（栗子的生长区域不同，每个地区的栗子都有几十种），因此尽管从广义上来说，栗子常被分为两大类：野生的和栽培的，但却很难对它们再进行更科学的分类了。野生的栗子比较小，不怎么值钱，壳比较硬；栽培的栗子则比较大，味道比较甜，壳比较软，壳的颜色也比较浅。罗马诗人马提雅尔（公元1世纪）提到了那不勒斯人在烤栗子方面的高超技艺，这表明，粗劣的食物并不总是（几乎从不真正地）食之无味或味道不佳（除非有人非要给它们定罪不可）。

杏仁碎

Almond brittle

难度系数1

4人配料
制备时间：40分钟（40分钟准备）

250克糖
75克蜂蜜
250克杏仁，去皮
2~3滴柠檬汁
特级初榨橄榄油

制作方法

将杏仁放在烤盘上并将它们放在50℃的烤箱中烘焙。

将糖、蜂蜜和几滴柠檬汁放在一个锅里搅拌均匀，最好选择用铜锅，不要铺锡纸。用小火给所有的原料加热，直到它们变成金灿灿的焦糖色。加入热杏仁，用木勺拌匀。

将橄榄油涂在大理石表面并将混合物倒在上面。用一根涂了橄榄油的擀面杖将混合物擀成约1厘米厚的饼。在其冷却之前，用一把沉一点的刀将其切成条。将杏仁碎保存在一个密封的烤盘中。

像蜂蜜一样甜

西班牙的洞穴壁画可以追溯到公元前7000年，由此我们可以推断出，蜂蜜是人类有意寻找和使用的第一种甜味剂。人类对甜食的本能偏爱似乎真的是天生的，这是因为，拜大自然的恩赐，蜂蜜成为热量最高、最有营养的食物。大自然的甜美礼物——蜂蜜常被看作具有神圣的起源。在地中海文化中，蜂蜜被用来给婴儿洗礼。按照美食学的历史，蜂蜜不仅可以使食物变甜，而且众所周知，它还具有保存其他食物的功能，特别是在中世纪，蜂蜜甚至被用来治病，如今，人们对蜂蜜的这一治疗功能进行了重新评价。

里科塔奶酪派

Ricotta pie

难度系数2

4人配料
制备时间：1小时20分钟（40分钟准备+40分钟烹饪）

生面团
200克意大利“00号”面粉
100克黄油
100克糖
2克发酵粉
1个鸡蛋
1个柠檬的柠檬皮
少许盐

奶油
200克新鲜的里科塔奶酪
130克糖
100克松仁
100克杏仁
1个柠檬的柠檬皮
2个鸡蛋

制作方法

将软化的黄油与糖混合在一起、加入鸡蛋、磨碎的柠檬皮和少许盐。最后，加入筛过的面粉和发酵粉。

至少将面团冷藏1个小时。在撒了面粉的操作台表面，将其擀成3~4毫米厚的面饼。将面团放在蛋糕烤盘中，烤盘底部和四周要铺上铝箔。

将里科塔奶酪过筛并将杏仁大致切碎。将鸡蛋和糖放在一个大碗中搅拌。加入磨碎的柠檬皮，随后加入里科塔奶酪、杏仁和松仁（将少量松仁放在一旁备用，留作点缀）。

将馅倒入铺有面团的烤盘中。将条状面团按喜欢的形状摆在最上面。将其放在180℃的烤箱中烘焙40分钟左右。

待其完全冷却以后再将它从锅中取出。

人们常吃的甜点

里科塔奶酪甜点与地中海的饮食文化密切相关。事实上，生活在古代沿海地区的居民们的历史一直以养羊为典型特征。地中海地区不同阶段的文明，为这种不起眼但却特别神通广大的奶制品提供了无数种烹饪方法。所使用的原料异常成功地混合了地中海各种各样的芳香味道，如干果、蜂蜜、蜜饯产品和葡萄干等。每种烹饪法都让人们体味到极其丰富而复杂的过去，每种味道都有着很深的历史渊源。

莫斯卡托果冻配各式浆果

Moscato jelly with mixed berries

难度系数1

4人配料
制备时间：10分钟（10分钟准备）+放在一旁静置2小时

375毫升莫斯卡托葡萄酒
10克明胶薄片
25克各式浆果
4片薄荷叶

制作方法

将明胶浸泡在冷水中。当充分浸泡以后，挤出多余的液体。将其转移到一个小锅中，并让其溶解在几汤匙莫斯卡托葡萄酒中，然后加入剩余的葡萄酒，搅拌均匀。将一份混合好的浆果放在每个上菜用的碗中或玻璃杯中，将液体倒在浆果上。

至少将它们冷藏2个小时，用新鲜的薄荷叶做装饰并端上桌。

明胶

很可能是古代埃及人创造了早期的明胶，但在17世纪，这种制作食物的方法才被正式定义，即用特殊的胶状黏稠物来制作香甜可口的食物。在近代时期，具有同样功效的物质主要来源于动物：猪皮、牛皮以及各种动物的骨头，一些烹饪书甚至还提到了“磨碎的鹿角”。不管怎样，明胶配方是药剂学领域的产物，药剂学是介于美食学、药理学和食物炼丹术之间的一门科学。

开心果冰淇淋配马沙拉葡萄酒浸干无花果

Pistachio ice cream with dried figs in marsala

难度系数2

4人配料
制备时间：1小时30分钟（1小时30分钟准备）

冰淇淋
200毫升牛奶
1个蛋黄，约20克
40克砂糖
20克不加糖的开心果酱
四分之一个香草豆

碗形威化饼
半个蛋白，约20克
50克糖粉
25克蜂蜜
50克通用面粉
50克软化的黄油

无花果糖浆
120克干无花果
150毫升玛萨拉葡萄酒
50克砂糖

装饰
依个人口味加白巧克力屑
4片新鲜的薄荷叶

制作方法

将牛奶和香草豆一起放在一个碗中。将鸡蛋和糖放在一起搅拌，然后掺入开心果酱并搅拌均匀。慢慢倒入牛奶，用力搅拌，并用小火或双层蒸锅加热，直到混合物的温度达到84℃为止。令其冷却并将其放在冰淇淋机里搅拌。

做威化饼时先将软化了的黄油和糖混在一起。加入其他原料，每次加一点，直到形成一个柔软的面团。将40克的面团放在烤盘中，在烤盘里铺上一层烘焙纸，用手或勺背儿将面团摊成圆形面皮。将面皮放到170℃的烤箱中烘焙，直到它们开始变成浅棕色。将面皮从烤箱中取出并令它们冷却几分钟。用刮刀将威化饼和烘焙纸分开，并将它们放在一个倒置的小烤盘上，这样一个碗形便形成了。

将糖和玛萨拉葡萄酒放在一起加热制成糖浆。将无花果切成丁并将其加到糖浆中，然后让所有的材料都冷却。

将冰淇淋放在碗形威化饼中端上桌，将无花果糖浆浇在冰淇淋上。点缀上白巧克力屑和新鲜的罗勒叶。

意大利冰淇淋

1775年，菲利普·巴尔迪尼博士在那不勒斯出版了《冰沙》一书，他在书中建议将“冷食的艺术”划分为冰沙和冰淇淋（由于冰淇淋主要是由牛奶做成的，因此他将冰淇淋称作“奶冰沙”）。在16世纪，在美食的历史上再次出现了转折点——对整个世界来说，来自美洲的新产品和香料使制作冰淇淋成为可能。具有异国风情的水果（如菠萝等）、咖啡、可可之类的产品以及在以前并不被人们所了解的香料（我们不要忘了烟草）都让位于无数试验。长时间以来，冰淇淋成为只有富人们才能享受到的美食。甚至在19世纪，文森佐·阿诺兰迪在帕尔马公爵宅邸就特别受人尊敬，这是因为他擅长做冰淇淋。

格兰尼它冰糕

orange granita

难度系数1

4人配料
制备时间：4小时（4小时准备）

250毫升水
75克糖
50毫升柠檬汁
150毫升橙汁
2个橙子的橙子皮，磨碎

制作方法

认真地将橙子洗净，将2个橙子的橙子皮磨碎，注意去除带苦味的白色橘络。然后将它们榨成汁，用细滤网将橙皮汁滤出。

将水和糖放在一起煮4~5分钟，制成糖浆。令其冷却，然后将其与柠檬汁和橙皮汁一起搅拌均匀。

将拌好的液体冷冻1个小时左右，直到形成冰晶。搅拌均匀并将其放回冰箱。至少将这一过程重复四五遍。当冰的稠度和粒度变得均匀时，格兰尼它冰糕便做好了。

西西里岛格兰尼它冰糕

许多美食上的发明都源自两个美食传统的神奇融合。西西里岛格兰尼它冰糕就是一个典型的例子。喜欢带有果香和花香味道的冰水是罗马文明和阿拉伯文明的典型特征。这种喜好在富饶而芳香怡人的西西里岛深深地扎了根。岛上居民在甘蔗栽培和生产方面有着高超的技艺，甘蔗是制作糖浆所必不可少的，而糖浆则是格兰尼它冰糕食谱的基础。美味多汁的柑橘类水果随处可得，这是格兰尼它冰糕得以发展的又一促因。文森佐·阿诺兰迪在19世纪早期写了很多关于如何制作甜点、糕点和利口酒的专著，他将这道菜肴（处于美食学和物理学的交界地带）定义为“粒状冰沙”。

烤苹果配葡萄干和杏仁

Baked apples with raisins and almonds

难度系数1

4人配料
制备时间：50分钟（20分钟准备+30分钟烹饪）

4个苹果，金海内特苹果或金冠苹果
80克杏仁蜜饯
40克葡萄干
40克银白色的杏仁
25克红糖

制作方法

将苹果洗净并用刀尖在苹果周围切一个圆形切口，这样它们就不会在烤箱中爆裂。用苹果去芯机去掉苹果核。

将葡萄干和蜜饯混合在一起并将混合物装进每个苹果，在上面撒上红糖。

将苹果摆在烤盘中，在上面撒些杏仁并放在160℃的烤箱中烘焙15分钟左右。

生物多样性：过去与现在的财富

随着时间的推移，严冬到来，人们又陷入了食物短缺的周期性循环，古人抵御食物短缺的策略之一便是作物的多样化。通过让作物的生长期尽可能地延长，他们可以缩短新鲜农产品匮乏季的持续期，新鲜农产品的匮乏一般出现在最为寒冷的冬季。人类的农艺技术使人类能充分利用大自然的植物多样性，这自然而然地成为食品文化的一部分，引发了食物的多样性，从而造就了意大利美食如今的独特性。古代烹饪书详细地描述了梨、苹果、橄榄、豆类和各种谷物，这些食材都在农历年的不同时间成熟。古代烹饪书还详细说明了这些食材在烹饪时的最佳使用方法。如今，占主导地位的经济战略旨在实现均产、高产，这危害了对生物多样性的保护，而几百年来的农业文明则促进了生物的多样性。但由于意大利拥有非常多样化的微气候和多产的生态位，因此能设法部分地保护丰富的遗产。目前，在意大利，大概有2000多种苹果，其中大概有1000种苹果是从古代流传下来的本土产物。从当地的集市、分散在全国各地的农场和传统菜肴中，人们依然可以体味到历史的风味。

柠檬慕斯配特级初榨橄榄油

Lemon mousse with extra-virgin olive oil

难度系数1

4人配料
制备时间：2小时30分钟（30分钟准备+2小时凝固）

蛋白糖霜
80克糖
40克蛋白
20毫升水

慕斯
170毫升高脂浓奶油
70毫升柠檬汁
2片明胶片
20毫升特级初榨橄榄油

制作方法

先做蛋白糖霜。给小锅中的水和约70克糖加热。

将蛋白和剩下的糖放在一个碗中搅拌均匀。可以使用搅拌器，但最好是用打蛋器或台式搅拌机。当白糖水达到121℃时，慢慢将其加到蛋白中并不停地搅拌，直到其冷却为止。

将明胶放在冷水中浸泡5分钟，然后用小火煮或放在微波炉里令明胶慢慢融化。

搅打高脂浓奶油并将其与蛋白糖霜、明胶和柠檬汁搅拌在一起。

将混合物倒入模子中并将其冷冻几小时，直到其凝固为止。

将慕斯从模子里取出并转移到上菜盘里，淋些特级初榨橄榄油。

用意式杏仁饼做填料的桃子

Peaches stuffed with amaretti cookies

难度系数1

4人配料
制备时间：50分钟（20分钟准备+30分钟烹饪）

4个桃子
5个意式杏仁饼
20克不加糖的可可粉
2个鸡蛋
70克糖

制作方法

将桃子洗净并将它们切为两半。去掉桃核，用一把勺子在桃子中间挖些果肉，将它们切碎并与2个蛋黄、用手压碎的意式杏仁饼和可可粉混合。

将蛋白和糖搅拌均匀，打至干性发泡为止。将它们拌入准备好的另一混合物中。

给切半的桃子加入填料，将它们摆放在铺有烘焙纸的烤盘里并将其放在160℃的烤箱中烘焙30分钟左右。

根据个人喜好选择是趁热端上桌还是放凉了以后再端上桌。

诸神赐予的食物

阿兹特克人认为，长羽毛的羽蛇神给人类送来了可可这一植物，一个对岛国的宗教、经济和传统生活来说都十分重要的神圣礼物。事实上，可可被视为灵丹妙药，能医治精神和身体上的各种疾病。土著美国人喝用可可添加其他原料制成的饮料；杰罗拉莫·本卓尼将其称为“不是人喝的饮料”，这种想法真是大错特错。1544年，在欧洲有了关于可可的第一个记录，当时，当地的一个贵族代表团给西班牙国王献了一杯黑黑的、浓浓的、被称为“苦水”的饮料。1585年，装运的第一批可可豆到达塞维利亚港，欧洲人开始喜欢饮用这种用可可制成，加了香料、香草、柑橘属水果的果皮，额外加了糖（这是最关键的一步）的热饮料。喝几杯巧克力成为一种时尚，还有为品尝这种美味的饮料而专设的巧克力屋。从此以后，可可便所向披靡地续写着成功的乐章。

草莓冰沙

Strawberry sorbet

难度系数1

4人配料
制备时间：20分钟准备+3小时冷冻

250克草莓
250毫升水
185克糖
四分之一个柠檬

制作方法

将草莓冲洗干净。将柠檬洗净，将它切成4块，将其中的一块柠檬榨成汁。

将糖和水掺入草莓并搅拌均匀。加入柠檬汁。

将混合物至少冷藏3个小时。将其转移到冰淇淋机中，开动机器，直到沙冰被搅匀为止。

古人对沙冰的喜爱

吃加水果调味的雪的风俗是非常古老的。我们常将自己局限于古典文化之中，瑙克拉提斯的阿忒那奥斯（公元2—3世纪的一名作家）在《智者之宴》中描绘了一种用石榴调味的凉饮，小普林尼提到了一种用鸡蛋、牛奶和蜂蜜做的冻奶油。这些古代文本告诉我们，人们对冷食的喜爱可以追溯到很久以前。16世纪，阿拉伯人将甘蔗传播到意大利，这使沙冰的发展达到了巅峰，成为权势显赫之人餐桌上的必备食品。那时，每座城堡和宫殿都有一个冰库（一个地下存放处或人造的小山，人们将在冬天从最近的山上采集来的雪储藏起来）。巴托洛米奥·斯嘎皮在他的《烹饪艺术集》（创作于1570年）中再次提供了制作意大利沙冰的第一个配方（这种沙冰是用樱桃，准确地说，是用酸樱桃制成的）。17世纪，沙冰实体店纷纷开业（主要集中在威尼斯和那不勒斯），越来越多的人开始到实体店品尝沙冰。现代技术并没有激发人们对甜而凉的美味的新欲望，而只是使每个人都能品尝到沙冰。

里科塔奶酪慕斯配杏仁奶

Ricotta mousse with almond milk

难度系数2

4人配料
制备时间：1小时准备+8小时凝固

250克里科塔奶酪
150毫升高脂浓奶油
100克杏仁（约1杯细细切碎的杏仁）
75克糖
2个蛋黄
5克明胶
300毫升水

制作方法

将杏仁细细磨碎并与水混合在一起。将混合物冷藏8个小时左右。用细孔纱布过滤杏仁奶。

将糖掺入蛋黄搅拌并拌入125毫升杏仁奶。将其放置到一口锅中，锅置火炉上加热，令混合物变稠。

将明胶浸泡在水中，然后将其放在热的杏仁奶混合物中溶解。令其冷却并拌入筛过的里科塔奶酪。搅打奶油并将奶油调入混合物中。

将混合物倒入模子中并冷藏。几小时后，将其从模子中取出。待混合物的温度达到5℃时将其端上桌。

杏仁牛奶布丁

如果说哪道菜是典型的欧洲菜的话，那它一定非牛奶布丁莫属了。牛奶布丁流行于中世纪，起源于法国，然后向整个欧洲传播。然而，它却没有现代意义上的烹饪配方（准确的原料表和一系列可以遵循的制作步骤）。我们正在讨论的是一种烹饪法上的思维方式，这种思维方式与我们自己的思维方式有着本质的不同：事实上，这道菜的价值是与所有原料的颜色——白色密切相关的。在这种奇妙的烹饪选择背后是上百年的医学、科学传统，甚至是中世纪哲学。在那个时代的知识分子们看来，每种食物（由于颜色、味道和稠度的差异）都具有自身的特质，食者吸收的食物可以改变他们的身体和灵魂。白色象征着纯洁、禁欲和平衡，根据当时的观念，吃白色的食物意味着获得了那些特征。自11世纪起，烹饪书向人们展示了牛奶布丁的无数变体。不论是甜味还是香薄荷味，做牛奶布丁的原料总是白色的：鸡肉、杏仁奶、里科塔奶酪和大米等。有趣的是，在西西里岛和瓦莱达奥斯塔仍然能够找到这种高贵的前辈的“后裔”，有两种口味，每一种都是百年历史的积淀。

柑橘属水果汤配开心果

Citrus fruit soup with pistachios

难度系数1

4人配料
制备时间：30分钟

2个橙子
1个黄葡萄柚
1个粉葡萄柚
2个橘子
30克去了壳的开心果
25克糖

制作方法

用马铃薯削皮器将1个橙子、半个黄葡萄柚和半个粉葡萄柚去皮。削皮时要确保去掉苦涩的筋络。将皮切成细条。

将皮放在一小锅水中，锅置炉火上。待其煮沸后关火并换水。将这一过程重复3次。

给除了橘子之外的所有水果浇上奶油沙司（对于橘子而言，您可以简单地削皮并将橘子瓣掰开），用一把锋利的刀将果肉与薄膜分开。将所有不用的部分和果汁都放在冰箱里。

滤出煮过的皮并将锅放回火上，加入糖和几勺柑橘属水果汁。再次将其煮沸，然后关火并令其冷却。

将开心果用水焯30秒，这样去皮就会变得比较容易了。然后，将其细细切碎。

将水果、果汁和糖浆放在每个人的碗中或杯子里。在汤上点缀果皮和开心果。

面包与佛卡恰

虽然面包是一种真实的、具体的、普通的日常食物，但它也特别能引起人们情感上的共鸣且寓意深远，甚至是神圣的——没有任何食物能像面包这样体现出这么多的特征。面包是一种人们长期食用的食物，因此它象征着持久，不受历史和根本性变革的影响。

面包完美地体现了自然、文化、历史与传统的融合。在这看似简单的食物背后，蕴藏着非常复杂的历史、社会学、人类学和文化方面的知识。

面包在形状、纹理、烹饪方法、添加的原料和味道等方面都千变万化，因此若想追溯其起源或描绘其演变历程，就会让人迷失方向。事实上，在语言学家吉安・路易吉・贝卡利亚最近对烹饪和饮食词汇的研究中，关于面包命名法的部分就有几十页之多。这部分从面包无数可能的变体开始，以各种用法、使用场合及面包出现的传统语境结束。

通过一个复杂的烹饪过程，人类能做出好吃的面包并对其进行改进，这是人类得心应手地使用材料的第一个例子，这也解释了为什么“吃面包”意味着“成为人”，准备面包无论是从意识形态上来说，还是从象征意义上来说，都是文明的表现。同样，食用面包也必然暗示着注入了一种深厚的团结精神。首先，面包象征着分享。单词“同伴”（companion）充分反映了这些概念，“同伴”源自拉丁语“com panis”，字面意思是“用面包”，表示与你一起分享面包的人。荷马将人分为两类：那些吃面包的人和那些吃其他东西的人（他所说的“其他”是指通过狩猎和采摘而获得的食物，即以其原始形态被吃的食物）。

佛卡恰虽是面包的姊妹，但与面包并不完全相同——这进一步丰富了意大利面包制作的方法，一些面包与农业传统和宗教仪式密切相关（往往是古代祭祀的一部分），而许多佛卡恰则是普通百姓、工人和旅行者第一道菜餐食的主要部分。佛卡恰不但价格低廉，而且还易于运输。用简单的调料来提升面团的味道，并在上面撒些“穷人们的”原料（如橄榄油、橄榄、香草和洋葱等），佛卡恰便闪亮登场了。

小核桃球

Mini walnut balls

难度系数1

4人配料
制备时间：1小时35分钟（30分钟准备+50分钟发酵+15分钟烹饪）

300克面粉
200克高筋面粉
240毫升水
80克去了壳的核桃（约20个）
25毫升特级初榨橄榄油
25克布鲁尔酵母
3克麦芽糖或糖
12克盐

制作方法

将（除了核桃之外的）所有原料都混合在一起，放在搅拌机中搅拌10分钟，最后加入盐。

将一块湿布盖在面团上，把它放在温暖的地方发酵30分钟。

将核桃大致切碎并融进面团中，可以用手，也可以用搅拌器。

将面团分成小块，每块的重量在24~26克。将面团揉成面球。

将面球摆在一个烤盘中。将湿布盖在上面，让它们再发酵20分钟。

将它们放在预热到220℃的烤箱中烘焙15分钟左右。

在简单的核桃背后

上百年来，有些食物有着其固有的象征意义。由于核桃很美味，能给人们提供很高的热量，因此长期以来，人们一直吃核桃并赋予核桃以象征意义。核桃是一种非常普通的食物，有着坚硬外壳，核桃壳能保护里面虽易碎但美味的果仁。因此，人们常将核桃与人类普遍的矛盾性（珍贵而几乎不可言喻的灵魂被锁在肉体粗糙的皮肤中）联系在一起。

鹰嘴豆扁面包

Chickpea flatbread

难度系数1

4人配料
制备时间：25分钟（10分钟准备+15分钟烹饪）+静置12小时

300克鹰嘴豆粉
1升水
150毫升特级初榨橄榄油
依个人口味加盐和胡椒

制作方法

在一个大碗中将鹰嘴豆粉与冷水混合在一起。加盐调味并令其静置12个小时。

用一把滤勺去掉在表面偶尔形成的泡沫。

150毫升特级初榨橄榄油倒入一个大而浅的烤盘中。加入水和鹰嘴豆粉的混合物。用一把木勺搅拌，确保橄榄油与鹰嘴豆和水的混合物能均匀地混合在一起（面糊要几毫米高，不要超过12.5毫米）。将烤盘放在预热到220℃的烤箱中烘焙，直到其表面变成金棕色为止。

将扁面包切成薄片并撒些现磨的胡椒。趁热端上桌。

鹰嘴豆扁面包

鹰嘴豆扁面包是那些无法追溯到其起源，找不到其“发明者”的食物之一。鹰嘴豆扁面包有很多种不同的吃法，通过加入其他的原料（如香草、蔬菜、奶酪或鱼肉），鹰嘴豆扁面包变得更加美味了，或者有很多人就喜欢它本身令人感到亲切的简单质朴。无疑，它是最能代表意大利美食文化的食物。有许多关于它的起源的传说进一步证实了这一烹饪配方的伟大成功。传说之一，罗马士兵被敌人包围，他们不得不将盾牌用作临时的锅来尽量烹饪他们仅剩的少量食物（鹰嘴豆粉、水和橄榄油）。其实，古罗马人非常喜欢鹰嘴豆，因为众所周知，鹰嘴豆不但经济实惠，易于保存，而且其营养价值还特别高，这些豆类在私人储藏室和公共仓库几乎是无所不在。

特殊的烹饪器具——铜锅的使用创造出鹰嘴豆面包特有的稠度和独特的酥脆感，它的美味是众所周知的。

橄榄面包棒

Olive breadsticks

难度系数1

4人配料
制备时间：1小时50分钟~1小时55分钟（1小时30分钟准备+20~25分钟烹饪）

500克面粉
250毫升水
5克布鲁尔酵母
10克盐
100克去了核的橄榄（约23个大橄榄）
50毫升特级初榨橄榄油

制作方法

将面粉、水、橄榄油和酵母混合在一起。将盐溶解在几滴水中并将其加到混合物中。将面团揉捏几分钟，然后加入（大致切碎的）橄榄。

用一块布盖在面团上，将其放在温暖的地方发酵20分钟。

将面团分为同样大小的几块，并将面塑成面包棒的形状（能做大约10个面包棒）。将它们摆放在铺有烘焙纸的烤盘中，放在温暖的地方发酵，直到它们的体积变成原来的两倍大。

将它们放在预热到180℃~200℃的烤箱中烘焙20~25分钟，具体的烘焙时间取决于面包棒的大小。

上千种面包

如果说意大利是一个拥有“百座城池”和“千座钟楼”的国家的话，那么在这个国家，还有更多的传统面包在等待着您品尝。在历史上，简单而又复杂的面包千变万化。尽管这种食物通常都被视为“面包”，但它常常具有不同的特征和不同的味道。面包产地的社会经济条件、与面包相关的传统意义以及预期的烹饪用途决定了面包在体积上可大可小，在颜色上可黑可白，在形状上可以是锥状、环状、辫状或其他任何形状。意大利人很有创造力，他们制作出各种不同形状的面包，从基本形状（这种面包呈半球形，似乎正贴合手的曲线）到较长的形状，再到令人联想起日轮的环形。面包仍在文化上和娱乐上起着无与伦比的神奇作用，令人轻松愉快。

雷科风格的佛卡恰

Recco-style focaccia bread

难度系数1

4人配料
制备时间：1小时36分钟~1小时38分钟（1小时30分钟准备+6~8分钟烹饪）

500克意大利“00号”面粉
300毫升水
500克鲜软奶酪
100毫升特级初榨橄榄油
依个人口味加盐

制作方法

在操作台上将面粉和三分之一的橄榄油混合在一起，加入凉水，直到面团变得十分柔软为止。将面团揉成球形并将其放在一个碗里，盖上一块布，让面团在室温下发酵1小时。

将面团揉几分钟并将其分为两份。让其静置5分钟，然后将第一个面团擀成很薄的薄片。用拳头往下按一按，好令面片变得更薄一些，薄到几乎透明。

将橄榄油均匀地涂在烤盘上，将面片平铺在上面并撒上小块奶酪。将第二块面团也擀成薄片，做法与上述方法一致。将第二张面片放在第一张面片上面，在奶酪周围按一按，形成直径约1厘米的凹洞。

在面片上撒些盐并淋上剩下的橄榄油。用手掌将橄榄油涂满面片表面，同时用手按一按，将奶酪压碎。

将面包放在预热好的烤箱中烘焙6~8分钟，烤箱的温度要调得非常高，在300℃左右，烤到面包表面变成金棕色为止。将面包切成大块并立即端上桌。

佛卡恰：简单而丰富

尽管意大利语“rendere pane per focaccia”（字面意思为“要送别人面包就送佛卡恰”，意为“要给就给别人最好的”）表明这两个词是可以互换的，但面包和佛卡恰并不像它们看起来那么相像。佛卡恰相当于拉丁语的“mola”，是用大麦、法老小麦粉和盐做成的一种扁面包，是“献祭”一词的起源。这并非巧合，事实上，它是古人喜爱的祭祀用物品。它被放在战俘的头上，成为祭坛上的必需品。人们准备的佛卡恰要比面包精致得多，这也许是因为它与仙境有着某种固有的联系。面团是用珍贵的牛奶做成的，有时还用贵重的葡萄酒和利口酒来提味。面包经常要配黄油（任何可以配着面包一起吃的东西）吃，而佛卡恰不需要配任何东西一起吃，在餐桌上它是完全独立的，不与其他食物为伍。几乎意大利的每座城市都有做佛卡恰的特有配方——无论您走到哪里，都有佛卡恰，无论您走到哪里，佛卡恰的味道都是不同的。

利古里亚佛卡恰

Ligurian focaccia bread

难度系数1

4人配料
制备时间：1小时20分钟（1小时准备+20分钟烹饪）+1小时40分钟发酵

450克意大利“00号”面粉
250毫升水
50克马铃薯，煮熟并捣成马铃薯泥
15克布鲁尔酵母
12克盐
3克糖
50毫升特级初榨橄榄油

面包上的装饰配料
50毫升水
7克盐
25毫升特级初榨橄榄油

制作方法

将所有原料都混合在一起，直到形成光滑而匀净的面团。将其静置10分钟，然后将其揉成球状，再将它放在操作台上发酵30~40分钟。

将其擀成1厘米厚的面片，放在涂有特级初榨橄榄油的烤盘中，让其再发酵10~15分钟。用手向下按面团以确保面团覆盖了整个烤盘的底部。

准备好用水、盐和特级初榨橄榄油混合而成的乳状液，用来做面包上的装饰配料。用指尖在面团的表面按出小坑。用手将乳状液涂在面包上面，确保它被涂在每个坑里。将面包放在温暖的地方，让其发酵80~90分钟。

将佛卡恰放在预热到250℃的烤箱中烘焙约18~20分钟。

马铃薯简史

马铃薯属于茄科植物。和与它同一家族的其他作物一样，马铃薯也是从美洲传到欧洲的，它在美食学上被人们认可的历程是漫长、缓慢而又困难重重的。马铃薯的名声不好，充满了危险性。部分原因在于它生长在地下，像是“魔鬼的果实”，激起了人们对它的不信任。另一部分原因在于，食用马铃薯的块茎（由于长时间地暴露于阳光之下而发生了变化）引发了一些中毒事件。奥塔维亚诺·塔格里奥尼·托泽蒂认为，在伟大的公爵费迪南多二世时期，马铃薯在托斯卡纳很出名。费迪南多二世将马铃薯引进到天真花园和波波里花园种植，但只是起点缀的作用。在意大利，马铃薯花了很长时间才作为一种食物而被人们接受。皮埃蒙特区在马铃薯的发展史中起了重要的作用，这是因为该区的文化与法国相似，而在法国，在路易十六（1754—1793年）统治时期，马铃薯已深受人们的喜爱。尽管马铃薯很有名气，但意大利统治者和意大利厨师却仍对马铃薯不屑一顾。只有农民热衷于推销这种蔬菜，因为它不但经济实惠，而且还有营养。即使是在19世纪，马铃薯在受到人们的认可之前也经历了一段困难时期。人们认为马铃薯是穷人吃的食物，因此上层阶级很鄙视马铃薯，显然他们只在乎社会地位，而不被美味所驱使。在意大利北部，马铃薯的栽培变得流行开来，这与拿破仑的军队有关，他们大量食用马铃薯。直到20世纪，人们才最终发现马铃薯的烹饪价值和味觉价值。

普利亚佛卡恰

Puglian focaccia bread

难度系数1

4人配料
制备时间：3小时50分钟（30分钟准备+20分钟烹饪+3小时发酵）

500克面粉
170克新研磨的杜兰小麦粉
400毫升水
65毫升特级初榨橄榄油
15克盐
15克布鲁尔酵母
80克马铃薯（约半个小马铃薯），煮熟并捣成马铃薯泥

面包上的装饰配料
200克圣女果（约12个）
依个人口味加牛至
依个人口味加特级初榨橄榄油
依个人口味加盐

制作方法

将酵母弄碎，与面粉和$\frac{3}{4}$的水混合在一起。当这些原料融合到一半时，加入盐、橄榄油、马铃薯和剩下的水，每次加一点。

将面团分成几份，每份约250克，并将每份面团揉成球状。将它们放在涂有橄榄油的烤盘里，面球的直径约20厘米。将烤盘快速翻过来，这样面球就在烤盘下面了，让面球在室温下发酵3个小时左右。

再将面球正面朝上并用手指按面团。在每个面球上放半个圣女果，并依个人口味加少许盐、少量特级初榨橄榄油和牛至。

让面球再发酵30分钟左右，然后将它们放在220℃的烤箱中烘焙20~25分钟。

发酵剂

几乎不会有人还记得，从前，妇女是靠发酵剂（通过认真仔细地完成一个非常精确的加工过程，便可从之前的面团中得到天然酵母）来做面包的。几十年前，在意大利南部，人们经常到邻居家或亲戚朋友家借一块“面肥”，他们会用烤好的食物和其他礼物作为交换。这种做法非常普遍，以至于民间智慧中竟流行着这样的谚语“酵母一直被借来借去”（The yeost is always on the move）。面包是社会联系的具体体现，面包的制作过程及与之相关的国内传统，促进了现在早已被遗忘的人与人之间的相互交流和人际关系的发展，使上述谚语具有高度的象征意义，引人共鸣。从传统意义上来说，与转型和变迁过程息息相关的“面肥”是女性领域的一部分，教给我们很多东西。

三种风味的特级初榨橄榄油面包棒

Extra-virgin olive oil breadsticks in three flavors

难度系数1

4人配料
制备时间：27分钟~28分钟（20分钟准备+7~8分钟烹饪）+1小时发酵

500克意大利“00号”面粉
25克 布鲁尔酵母
50毫升特级初榨橄榄油
250毫升水
30克迷迭香，细细切碎
20克晒干的番茄，细细切碎
20克黑橄榄，细细切碎
7克糖
根据需要加玉米粉或粗粒小麦粉
10克盐

制作方法

将酵母溶解在150毫升水中。将其与面粉、剩下的水、糖和橄榄油混合在一起搅匀。将盐溶解在几滴水中，最后再添进混合物中。

将面团分成大小相等的3块。将迷迭香拌入其中的一块面团，将晒干的番茄拌入第二块面团，再将橄榄放在第三块面团中。用保鲜膜包好。将3个面团放在温暖的地方发酵，直到它们的体积变为原来的两倍。

将每个面团都切成手指粗细。将它们放在玉米粉里或粗粒小麦粉中蘸一蘸，将它们抻成面包棒的形状（面包棒的长短根据您的喜好而定）。

将面包棒放在铺有烘焙纸的烤盘中并立刻将它们放在预热到250℃~260℃的烤箱中烘焙7~8分钟。

面包棒的神秘起源

关于某种特殊食物的起源的传说，常常是在这种食物流行之后才突然出现的。面包棒的例子也是如此，一种棒子形的面包源自皮埃蒙特。似乎这一发明，或者说面包棒的流行是与萨伏依王朝的历史密不可分的。年轻的维托里奥·阿梅迪奥二世（17世纪）身体不好，总是发烧、肠道功能紊乱。按照当时的饮食原则，宫廷医生将他的这些病症归因于食用了烤得不是很熟的面包。因此，面包师被命令制作一种新型的面包：用酵母发酵、不掺杂其他原料、有益健康的、烤透了的面包（这种面包就像是一块硬曲奇）。但更可能的（或者说更合理的）情况是，面包棒只是传统的皮埃蒙特面包（与在法国仍然很流行的法国长面包相似）——即棍形面包中的一个特例。但有一点是不容置疑的——长期以来，面包棒只出现在贵族人家的餐桌上。

鹰嘴豆油炸馅饼三明治

Chickpea fritter sandwich

难度系数1

4人配料
制备时间：1小时5分钟（1小时准备+5分钟烹饪）

400克鹰嘴豆粉
4个白面包卷
根据需要加水，约1.2升
根据需要加特级初榨橄榄油
依个人口味加盐和胡椒

制作方法

将鹰嘴豆粉和一定量的水放在锅里混合均匀，用盐和胡椒调味并开始加热，用木勺不停地搅拌，直到混合物变得相对浓稠。

将混合物倒在涂有橄榄油的大理石表面，将面摊成0.5厘米厚的面饼并令其冷却。将面饼切成等大的钻石形。

将切好的钻石形面饼放在大量沸油中炸，滤去面饼上的油并将面饼放在纸巾上沥干。

将它们夹在白面包卷里，立即端上桌。

白面包、黑面包

我们曾天真地认为，面包从来都不是穷人和地位低下的人的食物。对于那些人来说，面包只不过是一场梦而已。然而，历史上却充满了这样的例子：在没有面包的情况下，人们试图通过使用质量比较低劣的原料或替代品来得到面包或模仿面包的特征和味道。白面包与黑面包（实际上是吃白面包的人与被迫吃黑面包的人）之间的对比涵盖了几千年来权贵和平民之间以及衣食无忧的富人和饥民之间的社会斗争。在几十年前还很普遍的一个习俗很好地证明了这一点：让垂死之人尝一口白面包，似乎是让他们带着关于人生（他们的生活就像他们常吃的又硬又苦的黑面包一样充满了艰难困苦）的最后一个甜美回忆离开他们即将离开的世界。这就是为什么在意大利南部的一些地区仍存在着如此陈旧的观念，认为不得不吃白面包意味着某人要撒手人寰了。

香草面包卷

Herb bread rolls

难度系数1

4人配料
制备时间：1小时50分钟（1小时30分钟准备+20分钟烹饪）

500克意大利“00号”面粉
15克迷迭香和鼠尾草
12克布鲁尔酵母
5克麦芽糖或糖
275毫升水
25毫升特级初榨橄榄油
7克盐

制作方法

将香草细细切碎。

将切碎的香草与面粉混合，然后将其倒在操作台上并在中央做出一个凹形。将布鲁尔酵母弄碎并将其加到面里。开始将它们混合在一起，每次加少量的水。加入橄榄油，最后加盐。将所有原料混合均匀，直到形成柔软的面团，然后用保鲜膜将面团包起来，静置30分钟左右。

将面团分为同样大小的两块（您喜欢什么形状就分成什么形状的），然后将两块面放在铺有烘焙纸的烤盘上。

令其发酵45分钟左右。

将其放在180℃的烤箱中烘焙20分钟左右（烘焙的时间取决于面包形状的大小）。

面中的凹形

显然，各种各样的面包制作方法——做面包的手法、所使用的器具和做出的各种不同的形状——都可以被视为文化元素。它们是传统的、有着特殊历史意义的仪式和地方风俗的产物。例如，普拉蒂纳（大名鼎鼎的人类学家巴尔托洛梅奥·萨基）会毫不犹豫地认为“在面中央做一个凹形”源自费拉拉市。他写道，费拉拉市人常常将面粉倒在一个操作台上，然后“在每个面上都创造出某种封闭的路堤”，将（混合了盐的）热水倒在中间。这样一位美食文化鉴赏家将面包制作实践归于特定的领域，这也从一个侧面反映出充满美食珍品的意大利与其说是面包形态之家，不如说是面包制作方法之家。

切片比萨

Pizza by the slice

难度系数2

4-6人配料
制备时间：1小时55分钟~2小时（1小时30分钟准备+25~30分钟烹饪）

比萨
650克比萨专用面粉
350毫升水
35克新鲜的布鲁尔酵母
15克盐

调味汁
500克碾碎的番茄
150克马苏里拉奶酪
50毫升特级初榨橄榄油
半束罗勒
依个人口味加牛至
依个人口味加盐

制作方法

将布鲁尔酵母溶解在70毫升的温水中或将酵母弄碎并将其撒进面粉。将面粉和水及酵母混合在一起。将盐放在50毫升的水中，最后将混合物加到面团里。

将一块布盖在面团上，将其放在温暖的地方发酵，直到面团的体积变成原来的两倍大（发酵时间约1小时）。

把面团放在涂了橄榄油的烤盘里擀开，让其再次发酵（约30分钟）。

当面团发得足够大的时候，将碾碎的番茄（依个人口味混入盐和牛至）涂在上面，覆以切成丁的马苏里拉奶酪和新鲜的罗勒。在上面淋些橄榄油。

先将烤箱预热到200℃~220℃，然后将比萨烘焙25~30分钟。趁热端上桌。

著名的玛格丽特

萨伏伊的玛格丽特（1851—1926年）的命运颇具讽刺意味。几乎全世界的人都知道并使用她的名字，但却并不是因为在历史上她是意大利的王后。一次，王室成员到那不勒斯游览，人们奉上了一个三种颜色的比萨，这种比萨是用番茄、马苏里拉奶酪和罗勒做的（选用这三种原料是为了与意大利国旗上的红、白、绿三种颜色相配）。这道菜深受王后的喜爱，从那时起，这种比萨便被称为“玛格丽特比萨”，其口味绝佳，无与伦比。直到19世纪，人们才将番茄与马苏里拉奶酪混合在一起，做成美味的食物，尽管这听起来似乎有点不可思议，但事实的确如此。参加宴会的人中没有一个人会预测到这一发明会成为世界上食用最为广泛，也广受赞誉的食物之一，也许它甚至是第一个真正的全球性食物。

炸比萨

Fried dough

难度系数1

4人配料
制备时间：1小时35分钟（1小时30分钟准备+5分钟烹饪）

500克比萨专用面粉
270毫升水
25克新鲜的布鲁尔酵母
10克盐
根据需要加油炸用的橄榄油

制作方法

将酵母溶解在70毫升的温水中或将酵母弄碎并将其撒在比萨专用面粉中。将面粉与水和酵母混合在一起。将盐溶解在50毫升的水中，最后再将盐水加到面团中。

将一块布盖在面团上并将其放在温暖的地方发酵，直到其体积变成原来的两倍大（发酵时间约为1个小时）。

将面团分成几块，每块大约重100克。将它们塑成球形并使其发酵，直到其体积变成原来的两倍大（发酵时间约为30分钟）。

将每个面球放在撒有面粉的操作台表面上并用手压扁。在大量沸油中炸面球，可几个面球一起炸。

当面球变为浅棕色时，用一把滤勺将它们取出。撒上少许盐并端上桌。

比萨

没有哪个词能像“比萨”这样被视为全球性的语言。这种简单的食物有着传遍全世界的令人难以置信的历史。由于几百年来比萨一直没有引起人们的注意，因此没有人会想到它今天竟会如此成功。比萨是一种简单的、加了酵母的圆形面包，上面可以点缀上任何能吃的东西——最主要的是橄榄油，还可以是凤尾鱼、其他小鱼、野生草本植物，后来还加上了番茄。事实上，当读到卡洛·科洛迪写于19世纪晚期的著作时，人们会感到十分震惊。在《小乔尼的意大利之旅》中，关于购买并食用比萨这一典型的那不勒斯传统食物，他写道：“发黑的烤焦了的面包、苍白的蒜和凤尾鱼、黄绿色的橄榄油和炒香草以及那些遍布在比萨各处的红色番茄块，让比萨有一种复杂的污秽之气，这与兜售比萨的小贩水乳交融。”然而，科洛迪却大错特错了。

深思之后人们会发现，也许正是比萨的简单才铸就了它的辉煌——任何食物都可以做比萨的装饰配料和比萨馅（从水果到蔬菜，从肉到鱼，从奶酪到豆腐），世界上的任何烹饪文化都可以用比萨进行诠释。

炸玉米糕

Fried polenta

难度系数1

4人配料
制备时间：1小时4分钟~1小时5分钟（1小时准备+4~5分钟烹饪）

0.5升水
125克玉米粉
油炸用橄榄油
依个人口味加盐

制作方法

慢慢地将玉米粉倒进沸腾的盐水中，玉米糊便做好了（如果可以的话，请用铜锅）。

将其烹饪30分钟左右，用木勺不停地搅拌。

做好以后，将玉米糊倒进一个涂有橄榄油的烤盘中。将其摊成1厘米厚的面饼并令其冷却。待其彻底冷却以后，将其切成长条形或三角形。

将大量的橄榄油置于锅中加热。煮沸后，将玉米糕放在油中炸，直到形成金色的酥皮。用滤勺将玉米糕取出并将它们放在纸巾上沥干。依个人口味将盐撒在上面并趁热端上桌。

玉米和玉米粥

在整个16世纪，之前一种不为人知的源自美洲的谷物在欧洲饮食中占据了一席之地。在玉米的发源地，它并不是以玉米粥的形式出现的，而玉米粥却快速传遍了整个意大利。几个世纪以来，农民们已经习惯于将面粉做成简单的糊状物——这是因为这种热乎乎的糊状物既营养丰富又很容易准备——因此，当玉米被传进意大利时，农民们同样也是这么做的。从某种程度上来说，这在每个美食体系中都是一条不成文的规定：使用众所周知的烹饪流程会促进未知食物的引进。然而，就玉米而言，这却带来了灾难性的后果。只吃玉米粥使18—19世纪意大利的农村人口遭受了一场严重的流行病——糙皮病。当然，这不该责怪玉米，因为无论从营养的角度，还是从经济的角度来说，玉米都是一种十分有用的食物。相反，引发糙皮病的真正原因是折磨整个意大利半岛的社会经济状况。值得注意的是，尽管玉米几乎就没有出现在上层社会的餐桌上——但对食物的偏爱是受人们的思想观念制约的，而不是取决于食物本身味道的好坏。

鼠尾草面包

Sage bread

难度系数1

4人配料
制备时间：1小时42分钟（1小时30分钟准备+12分钟烹饪）

500克意大利“00号”面粉
250毫升牛奶
8克布鲁尔酵母
5克糖或麦芽糖
4~5片鼠尾草叶
根据需要加水
7克盐

制作方法

将面粉和麦芽糖（或糖）、切碎的鼠尾草叶混合在一起。将布鲁尔酵母弄碎并将酵母也加在面粉混合物中。开始加入牛奶，每次加一点，不停地搅拌直到面粉被揉成光滑匀净的面团为止（如果面团太干，就加点温水）。用保鲜膜将面团包好，将其放在温暖的地方发酵1小时。

将面团擀成2毫米厚的面片。将其切成块（或切成你喜欢的任何形状）并将它们放在铺有烘焙纸的烤盘上。用叉子在表面戳几下。

将它们放在180℃的烤箱中烘焙12分钟左右。

烤箱及其他工具

器血炊具和烹饪厨具都是物质文化遗产的一部分，它们对食物的形状、味道和浓稠度都有着显著的影响。就烤箱而言，烹饪书中提及了各种各样的类型：“乡下烤箱”、“铁烤箱”和“砌筑烤箱”等。《一名皮埃蒙特厨师在巴黎的养成记》（创作于1766年）一书的匿名作者在引言部分描述道，人们可以找到颇有价值的例子，“分两种烤箱——砌筑烤箱和乡下烤箱。这两种烤箱都是用铸铁或铜制成的。尽管它们所起的作用是相同的，但砌筑烤箱相对会更好一些。要想最大限度地发挥砌筑烤箱的功效，人们必须均匀地给它加热，保持它的清洁，并要等到温度达到期望值以后方可使用。保持砌筑烤箱呈关闭状态，这样它便仍会均匀受热。乡下烤箱是通过上下火来加热的，上下火的热量要适合烤箱里的食物，当心不要令烤箱超载。这种用铁或铜制成的烤箱是可以过度加热的，可这会毁掉所有的食材”。在过去，厨师及那些经常烹饪的人都会有一个满是工具的厨房，有些人的厨房还会相对复杂，并且他们还必须知道每种食物适合采用什么样的烹饪方法。从这个角度来说，这有助于定义意大利烹饪法的内涵。

塔拉利曲奇配茴香

“Taralli” cookies with fennel

难度系数1

4～6人配料
制备时间：1小时30分钟（1小时准备+30分钟烹饪）

500克面粉
100毫升干白葡萄酒
120毫升特级初榨橄榄油
20~30毫升水
1汤匙茴香籽
10克盐

制作方法

将面粉与白葡萄酒、橄榄油、盐和足够的水混合在一起，揉成光滑而有弹性的面团。加入茴香籽，然后用保鲜膜将面团包好，至少将面醒15分钟。

将面团分成几块并将其揉成直径约为1厘米的长绳形，再横切成8厘米长的长条。将长条的两端捏在一起，形成小环形。

将一锅盐水煮沸并将曲奇下到锅里。当曲奇一浮到水面就用滤勺将其取出。将它们放在厨房巾上沥干，然后将它们摆放在涂有油或铺有烘焙纸的烤盘中。

先将烤箱预热到180℃，然后将曲奇烘焙30分钟左右，或直到它们被烤成漂亮的像榛子一样的棕色为止。

塔拉利曲奇

这些曲奇要经过两道有趣的烹饪程序才能做好（传统的做法是先将其放在水中煮，然后再用烤箱烘焙）。在意大利南部，它们具有非常重要的营养价值和文化价值，但关于它们的名字的起源问题仍是个谜。在意大利南部，饥饿的人们设法通过食用这些简单的环形曲奇以低成本地给自己提供营养，在小酒馆或沿街叫卖的小贩那里，很容易买到这些塔拉利曲奇，人们往往会在吃的时候加些“穷人的”产品调味。塔拉利曲奇的起源一定与地中海地区人们与生俱来的将残羹剩饭转变成美味佳肴的能力有关。事实上，塔拉利曲奇的诞生是因为几个有创意的面包师决定将发酵了的做面包用剩下的废面团转变成畅销产品。这对于那些买不起精致的或昂贵的食物的人来说，有着明显的经济上的优势，是他们的营养之源。面包师们用猪油、黑胡椒、杏仁或其他便宜的原料来给带状面团调味，然后将它们塑成环形并进行烘焙，塔拉利曲奇便诞生了。时至今日，它仍然是真正的意大利友好精神的普遍象征——例如，意大利语“finire a taralucci e vino”这个流行表达，字面意思是“以塔拉利曲奇和葡萄酒结束”，意即“以友好的方式结束”。

腌制品和利口酒

为了能很好地储存食物，保证在食物匮乏期、寒冷期和饥荒期里能吃到食物，人类一直在与自然的腐败过程进行着不懈的斗争。智慧和奉献以及几个世纪以来精炼出来的经验主义观察实践和技术铸就了“保存文化”，这种文化基本没有发生过重大变化，直到工业化的到来，现代制冷和冷冻技术的发展以及较快捷的运输方法的出现。在现代社会之前的自给自足的经济体制中，生产可以在当地市场上进行交换的商品是非常重要的。交换是保证人们的日常饮食具有一定的多样性的唯一方法，否则人们的日常饮食就会单调得令人窒息。

几个世纪以来对土地及土地上可食之物的深刻了解，以及对可用资源的巧妙利用，造就了“腌制”食品的多样性，这些腌制食品仍是意大利人的自豪之源，并且其中一些食品还举世闻名。我们所讨论的是奶酪、腌肉、腌制或糖渍的水果、果酱、蜜饯和利口酒——换句话说就是意大利烹饪传统的骄傲和乐趣。

典型的保存方法包括对发酵过程的严格控制和高度精确的熟化技术。可以将食物放在橄榄油、醋或蜂蜜中浸泡，也可以盐腌、晒干、熏制或糖渍。

腌制品是一种特色食品。通过使用特殊的方法来保存食物，人们便仍会在一段时间内吃到想吃的食物（即使它们在形状、稠度和味道上已经发生了变化）。它们处在高级烹饪法和“乡村”烹饪文化的十字路口。

储藏食物是为食物匮乏期做准备，将食品储藏室储满保质期延长了的食物，这种需求是一种典型的被饥荒的噩梦所驱使的心态。但随着时间的推移，民众的智慧创造出保存食物的技能和技巧，使人们不再为了生存需要而保存食物，而是为了享受食用食物的乐趣和品味食物的美味。

几百年来，那些粗陋的厨房被指责为乏味而单调的地方，虽缺乏选择和变化，但却绝不缺少美味。

现代性虽带来了以科技和最新的科学发现为基础的富有创意的保存方法，但却没有导致旧式保存方法的消失。相反，虽然旧式保存法借用当地特产和美食佳肴之名，但还是被重新发现了。旧式保存法是一种真正的文化遗产，意大利有进一步发展它的智慧和运气，部分原因在于意大利在工业化方面落后于其他欧洲国家。

以国际视角来看，全球化现象进一步促进了对这些绝妙产品的重新发现并进一步提升了它们的价值，这些产品能重塑人们对生活的感觉，重新建立起生活在人们心中的分量，最重要的是，它们能改变人们对生活的品位，使人们的生活更有家的味道。

盐渍凤尾鱼

Salt-packed anchovies

难度系数1

4人配料
制备时间：2小时（2小时准备）+放置1个月

2千克凤尾鱼
1千克粗盐

制作方法

将凤尾鱼洗净，去掉鱼头并将内脏全部拽出。不要冲洗凤尾鱼，因为凤尾鱼是要用盐来腌制的，如果事先冲洗的话，会影响保存的过程。

将一层粗盐撒在一个大玻璃容器的底部，玻璃容器要事先彻底清洗干净并沥干水分。摆上一层凤尾鱼，要首尾相接地摆放，以最大限度地利用容器的空间。然后在凤尾鱼上面再撒一层约1厘米厚的盐。

继续摆下一层凤尾鱼，与之前的一层凤尾鱼垂直摆放。

继续摆，直到将所有的凤尾鱼都摆完。撒上大量的盐——在凤尾鱼之间不应有空隙。

上面放一个圆形玻璃盖或木头盖（盖子的直径要比容器口的直径略小点）。然后在上面放一个2千克左右的重物，这样鱼就会被压得很好。

将凤尾鱼放在阴凉、干燥的地方。

一个月后就能吃到腌凤尾鱼了。

腌凤尾鱼——万能调味品

毫无疑问，凤尾鱼（即欧洲鳀）是“蓝鱼”中的一个典型，蓝鱼包括各种有闪光鳞片的小鱼，这些小鱼成群地移动，并形成令人沉醉的蓝色和银色的旋涡。在繁殖季节（4—9月），人们很容易就能在地中海沿岸抓到大量凤尾鱼，尤其是在亚得里亚海、热那亚湾和西西里海峡。这就是为什么凤尾鱼会在意大利烹饪中起着如此重要的作用，不管它是新鲜的、油浸的、醋泡的还是盐腌的。古代罗马人十分喜爱一种特殊的名叫“鱼露”的酱汁，这种酱汁是用凤尾鱼和其他“蓝鱼”制成的。这种酱汁有很多种变体，但做各种酱汁的配方却基本相同。先将鱼细细切碎或碾成鱼肉泥，然后将其浸泡并放在阳光下发酵。滤出多余的液体，作为无数个其他配方中的一种原料。鱼露非常昂贵，这是因为制作鱼露需要花费很多的时间和精力。它是古人们餐食中的基本原料，而且能否估量出在鱼肉料理中放多少鱼露才是完美的取决于职业厨师的技术水平。如今，人们的品位发生了变化，鱼露也已经随着古罗马美食传统一起消失了，但产于阿玛尔菲海岸的传统的盐腌凤尾鱼酱中依然可以看到鱼露的影子。

油浸茄子

Eggplant marinated in oil

难度系数1

4人配料
制备时间：1小时（1小时准备）

1千克茄子（约2个茄子）
0.5升葡萄酒醋
2瓣蒜
依个人口味加特级初榨橄榄油
1束罗勒
依个人口味加牛至（新鲜牛至或干牛至均可）
依个人口味加盐

制作方法

将茄子洗净并将它们切成5毫米厚的薄片。将茄子片放在滤器中，撒上盐静置1小时左右，将茄子中的水分排出。

将葡萄酒醋煮沸，然后加入茄子片煮几分钟。滤出茄子片并将它们放在一块布上沥干水分。

将茄子和少量罗勒叶、切成片的蒜和少许牛至一起放在罐子中。

在上面淋上橄榄油，让橄榄油充分浸到食物中。将罐子密封好，将它们放在阴凉和干燥的地方，可以保存几个月。

茄子的疯狂

在当代烹饪中，茄子是非常常见的，尤其是在意大利南部，但却并不总是那样。意大利语茄子的词源（源自拉丁语“mala insana”，意为“疯狂的苹果”或“‘令人疯狂的’苹果”）清楚地证明了过去人们对这种植物的看法。茄子源自印度，很可能是阿拉伯人于12世纪将茄子引进欧洲的。16世纪，医生卡斯托雷・杜兰特在他的《新药草志》一书中描绘了两种类型的茄子。第一种茄子是紫红色的，而第二种茄子（现在几乎很难找到）是白色或黄色的。根据当时的医学科学，作者进一步强调了对茄子的反感，他写道，食用茄子会导致肠痛和消化道疾病，并引发忧郁、头痛和色盲症。但他还继续解释说，尽管如此，在意大利，人们还是广泛地食用茄子（煮、炸、腌制或像做蘑菇那样烹饪），而且他还承认茄子的味道非常好。值得一提的是，与番茄一样，茄子也是众所周知的爱情之果。在文艺复兴时期，茄子得到了一个恶名，即“疯狂的象征”，这个恶名一直伴随着茄子，直到味道最终战胜了真正的疯狂——对茄子的偏见。

将番茄保存起来做酱汁

Tomato preserves for sauce

难度系数1

4人配料
制备时间：1小时（1小时准备）

1千克圣马扎诺番茄
依个人口味加罗勒
依个人口味加盐

制作方法

将番茄洗净并用刀划出刀花。将番茄放在沸水中煮30秒，然后用滤勺将它们取出并立即放在一个装有冰水的碗中，这样在给番茄去皮的时候就会变得比较容易了。

将番茄切半，在番茄上撒盐，沥去水分。将番茄切成丁并将它们放在密封的罐子中，加一把罗勒。将罐子封好。

用毛巾将罐子包起来，以防罐子破裂，将罐子放在一口大锅里。加入足够的水，令水没过罐子，将水煮沸，再用小火煮20分钟。

将罐子放在水中冷却，然后检查一下罐口，确保它们都密封得很好。将罐子放在阴凉、干燥的地方，可以保存几个月。

番茄酱的重要性

番茄是意大利美食的象征，它得以广泛传播的关键在于人们将它做成了番茄酱。最初，番茄只是起到装饰的作用，但最终，作为普通调味品，番茄走了个“后门”，成为意大利烹饪传统中的重要成分。番茄的用途非常广泛，这使它很受人们的欢迎。拉扎罗・斯帕拉捷第一个注意到能很好地保存番茄的方法：将番茄做成酱，煮好并储存在罐子中。法国厨师尼古拉・阿佩尔在他1809年的专著《营养物质的保存艺术》中记录了这一烹饪过程，此书是关于食物保存方法的革命。彼得・杜兰特将阿佩尔的方法应用到罐头中，引发了罐头食品的工业化生产。这种罐头食品的广泛传播和低成本使人们将意大利面、比萨和番茄酱联系在一起（这种联系被认为是理所应当的）。第一家番茄加工工厂建于19世纪后半叶，然而番茄酱第一次在烹饪书中被提及的时间是1839年，当时，布翁维奇诺公爵伊波利托・卡瓦尔坎蒂将意大利面和番茄酱一起食用。卡瓦尔坎蒂将这种食用方法记在了第二版的《烹饪实践理论》中。像往常一样，流行的烹饪法与聪明的直觉一起创造出一个完美的组合，这个组合广为人知，被全世界的人们所喜爱。

油浸晒干的番茄

Sun-dried tomatoes marinated in oil

难度系数1

4人配料
制备时间：25分钟（20分钟准备+5分钟烹饪）

300克晒干的番茄
200毫升水
200毫升白葡萄酒
100毫升葡萄酒醋
15克糖
1片月桂叶
1茶匙胡椒籽
1茶匙芫荽籽
依个人口味加特级初榨橄榄油
20克盐

制作方法

将除了番茄和橄榄油之外的所有原料都放在锅中，并给混合物加热。待混合物沸腾以后，加入番茄并烹饪5分钟。

滤出番茄并将它们放在毛巾上控干。将番茄放在罐子里并洒上橄榄油。将罐子密封好，放在阴凉、干燥的地方，可以保存几个星期。

季节性：当代神话

在人类的乌托邦设想里，总是存在着一个不受时间限制的世界。伊甸园、人间天堂、天府之国——所有这些都是在构建一种幻想，这种幻想大多都遵循同样的准则：永恒的春天、梦幻般丰盛的食物与自然奇观。相对来说，现代世界脱离了与季节的关系，只把季节看作是气象条件与风景的显著变化。但是在过去，人们却是怀着极大的担忧来经历周而复始的四季的。各个人类文明都在尽力对天气情况施加影响并努力缓解恶劣天气带来的不利影响，尤其是对那些可食性物质造成的不利影响。保存食物的技术便是这一策略的一部分，这种策略需要设计各种解决方案以防止特定季节（尤其是夏季）的食物腐烂，这样，人们便可在一年的任何时间里都能吃到想吃的食物。如今，腌制品是意大利烹饪法的骄傲。它们是许多菜肴的基本原料，甚至还是开胃菜中的主角。也许我们并没有太在意这些，但现代保存食物的方法（如冷冻和冷藏等）比传统的保存方法更尊重食物真正的味道，而传统保存方法则会改变食物的形状、稠度、香味和味道。添加的盐、橄榄油、蜂蜜、醋、香草和香料会引起某些变化，这就是为什么如今腌制品也会受到人们的喜爱，从美食的角度来说，它们本身就很美味。在此之后，人们又不断追求当地的季节性食物，从营养学的角度来说，这确实比较健康，但这却需要一种激进的、新的看待食物的方式和观念上的重大变化。

草莓酱

Strawberry preserves

难度系数1

4人配料
制备时间：40分钟（10分钟准备+30分钟烹饪）

1千克草莓
800克糖
15毫升柠檬汁

制作方法

将草莓洗净，用水冲洗，并将它们放在餐巾上拭去水分。

将草莓切成小块并将其与糖和柠檬汁放在大锅里。烹饪30分钟，烹饪过程中要不停地搅拌。

要想检测果酱的浓度，可以将几滴果酱滴在陶瓷盘子中并将盘子倾斜观察果酱的情况，果酱应该是相对浓稠且呈胶状的，且不应该流得太快。

将草莓酱倒入玻璃容器（玻璃容器必须是耐高温的，因为要把玻璃容器放在100℃的烤箱中）内，然后立即将容器盖拧紧并将它们翻过来，以起到真空密封的效果，这样便可以延长保存期。将玻璃容器倒过来直到它们完全冷却为止，然后将它们储存在橱柜中。如果将其放在凉爽、黑暗、干燥的地方，草莓酱能保存1年。

瑞典克里斯蒂娜女王草莓

在纪念阿道涅斯的节日中，成熟于春季的草莓（即欧洲草莓）是古罗马人餐桌上必备的菜肴。阿道涅斯是古典神话中植物的化身。相传，当年轻漂亮的维纳斯去世时，阿道涅斯开始哭泣，他神圣的眼泪变成了草莓。草莓是小巧玲珑、气味芬芳的水果，它的颜色和形状都像个心。草莓浓厚而独特的香味经常会得到人们的赞赏，尤其是在饕餮盛宴上。1655年11月27日，16世纪曼图亚宫廷的厨师长巴托洛米奥・史蒂芬尼为了欢迎瑞典克里斯蒂娜女王的来访，为女王准备了“白葡萄酒浸草莓”。在巴洛克风格的宴会上，人们对草莓大加评论，希望用一些让人意想不到的或不大可能是真实的东西来令客人感到惊讶。这对于贡萨加王朝来说是小事一桩，因为他们运输草莓的速度快，有着丰厚的经济资源。对于像史蒂芬尼那样的人来说这也是小事一桩，因为他技艺精湛，非常了解意大利的地形和大多数理想作物的季节性特征。他知道如何在意大利市场或其他任何市场得到最罕见的产品。在11月份呈上草莓这道菜会尽显主人的权力和财富。在过去，草莓象征着特权，但如今，几乎任何人都可以在任何季节、任何地方买到草莓。在特权方面的这种变化会引发目前回归“购买本地产品”的潮流吗?

蜜汁桃子

Peaches in syrup

难度系数1

4人配料
制备时间：2小时（2小时准备）

1千克硬的桃子
400克糖
1粒香草豆
1个柠檬的柠檬皮
2粒丁香
600毫升水

制作方法

将锅里的水煮沸并将桃子放在里面煮1分钟。用滤勺将桃子取出并立即将桃子放在一碗冰水中，这样在给桃子去皮时就会比较容易（如果您选用的是油桃的话，可以跳过这一步）。

将桃子切半，去掉桃核并将桃子放在一块干净的餐巾上拭干。

同时制作糖浆，将糖溶解在水中，将香草豆、条状柠檬皮和丁香（过后要去掉）放在糖浆中煮几分钟。

将桃子放在密封罐中并将糖浆倒在桃子上，将罐子封好。

用毛巾将罐子包好以防罐子被打碎并将罐子放在一个大锅里。

加入足够的水，让水没过罐子，将水煮沸，用小火煮30分钟。

将罐子放在水中冷却，然后检查一下罐子，确保罐子都是密封的。将罐子放在阴凉、干燥的地方，可以保存几个月。

柠檬酒

Limoncello

难度系数1

4人配料
制备时间：1小时（1小时准备）+一个半月熟化

6个索伦托柠檬（未加工过的）
0.5升酒，酒精纯度为180
250毫升水
225克糖

制作方法

将柠檬洗净并沥干。用马铃薯削皮器去掉外皮的黄色部分。将柠檬皮放在密封罐里并倒入酒，让酒完全没过柠檬皮。将罐子放在阴凉的地方2个星期，每天都摇晃几下。

将糖溶解在水中，糖浆便做好了，煮几分钟。令其冷却并将其加到酒和柠檬皮中，搅拌均匀并用奶酪包布将其过滤。将混合物倒入瓶中，在食用前将瓶子放在阴暗的地方储存至少1个月。

将柠檬酒放在冰箱里，趁酒冰的时候端上桌。

意大利柑橘类水果

柑橘类水果虽起源于意大利东部，但却已经是风景宜人的西西里岛的象征了。这些水果的烹饪史很复杂，也很有趣。柑橘类水果的总类别包括柑橘属的几个品种，每个品种都有着自己独特的历史。罗马人似乎十分熟悉佛手柑和柠檬，至少在帝国时代晚期是这样的，恩纳皮亚扎-阿尔梅里纳别墅里非凡的镶嵌画便是最好的证明。在阿拉伯人统治时期（即9—11世纪），苦橙被传到西西里岛，只是以其装饰和观赏价值而著称。也许这解释了为什么在西西里岛柑橘类水果被栽种在花园中。在伟大的地理大发现时期（即15—16世纪），才最终到达欧洲。最初，甜橙很适应葡萄牙的气候，后来又从葡萄牙来到意大利。总之，人们于16世纪开始在卡拉布里亚区种植橙子，莱昂德罗·阿尔伯蒂曾在他的游记中描述过。

我们今天知道的许多种柑橘类水果并不是自然生长的，而是嫁接、选择和改进的结果。事实上，最初的柑橘类水果吃起来太酸，甚至是有毒的。食物的历史教导我们，耐心和尊重能平衡人类试图改造自然的顽固欲望。

核桃利口酒

Walnut liqueur

难度系数1

4人配料
制备时间：10分钟（10分钟准备）+40天熟化

12个带壳绿核桃
1升红葡萄酒
250克糖
250毫升酒，酒精纯度为180
1撮桂皮
1枝丁香
四分之一个柠檬的柠檬皮（只留黄色的部分）

制作方法

将核桃切成4份并将它们与其他原料混合在一起放入密封罐中。将罐子放在阴凉的地方储存40天。

40天以后，用细孔纱布过滤利口酒并将其储存在密封好的瓶子里。

采摘核桃

意大利美食文化的丰富性不仅在于食谱的无限多样性或对真实味道的颂扬，还在于意大利美食与历史悠久的传统和宗教仪式之间有着密切的联系这一事实。在意大利北部，众所周知的青核桃利口酒便是一个典型的例子，在意大利南部的一些地区，它被视为一种药，因为它是治疗所有消化道疾病的灵丹妙药。在过去，这种不可思议的灵丹妙药是按照当地的信仰准备的，这些当地信仰包括流行的魔法和传统祷告等。例如，在召开圣约翰宴会的晚上，这一天也是夏至，妇女们会赤脚走进森林，到森林里采摘未成熟的绿核桃。这些女人中拥有古老智慧的高手挑选出的核桃是最好的。这些核桃被放在用柳条编的篮子里并被放在野外，要一直放到第二天早上，这样核桃上就会沾上夏至夜的露水，这些露水具有净化的作用。按照草药学理论，这段短暂的时间正好也是核桃中的精油含量、汁液含量和维生素含量比较高的时候，同样是在那个神奇的夜晚，根据介于民间医学和巫术之间的习俗，香草被摘来过滤并被制成药物、药剂。人们还要举行安抚仪式和占卜仪式，在这两种仪式上都要使用水和植物。显然，这些传统深深地扎根于意大利文化之中，许多地区至今仍在6月23日至24日期间庆祝夏至夜，在这一夜，人们出去“捉露珠”，吃带馅的意大利面食，当然是配香草一起吃。

参考书目

Agnoletti V., *Le arti del credenziere confetturiere e liquorista, ridotte all'ultima perfezione*. Rome: Pio Cipicchia, 1822.
Alberti L., *Descrittione di tutta Italia di F. Leandro Alberti bolognese*. Vinegia (Venice): Pietro dei Nicolini da Sabbio, 1551.
Baldini F, *De' sorbetti.*, Naples: Raimondiana, 1775.
Beccaria G.L., *Misticanze: parole del gusto, linguaggi del cibo*. Milan, Garzanti, 2009.
Benzoni G., *History of the New World*. Venice: Francesco Rampazetto, 1565.
Camporesi P., *The Magic Harvest: Food, Folklore and Society*. Parma: Pratiche, 1980.
Camporesi P., *Le vie del latte: dalla Padania alla steppa*. Milan: Garzanti, 1993.
Castelvetro G., *A Brief Account of the Fruits, Herbs and Vegetables of Italy [1614]*. Mantua: Gianluigi Arcari, 1988.
Corrado V., *The Gallant Cook*. Naples: Stamperia Raimondiana, 1773.
The Piedmontese Chef Perfected in Paris. Turin: Carlo Giuseppe Ricca, 1766.
Detienne M., *The Gardens of Adonis*. Turin, Einaudi, 1975.
Di Schino J., Lucciсhenti F., *Il cuoco segreto dei papi: Bartolomeo Scappi e la Confraternita dei cuochi e dei pasticcieri*. Rome: Gangemi Editore, 2007.
Durante C., *Herbario Nouo*. Venetia: Sessa, 1617
Gibault G., *Histoire des légumes*. Paris: Libraire Horticole, 1912.
Massonio S., *Archidipno, ouero dell'insalata e dell'uso di essa. Venetia*: Marc'Antonio Brogiollo, 1627.
Montaigne M.E., *The Journal of Montaigne's Travels in Italy*. Bari: Edizioni Paoline, 1962.
Montanari M., *L'alimentazione contadina nell'Alto Medioevo*. Naples: Liguori Editore, 1979.
Montanari M., *The Culture of Food*. Rome-Bari: Laterza, 1994.
Montanari M. - Capatti A., *Italian Cuisine: A Cultural History*. Rome-Bari: Laterza, 1999.
Paoli U.E., *Rome: Its People, Life and Customs*. Florence: Le Monnier, 1962.
Ruggiero M., *Piemonte: la storia a tavola: le vicende dell'alimentazione*. Turin: La Bela Gigogin, 2007.
Sacchi B. (Platina), *On Right Pleasure and Good Health*. Romae: Uldaricus Gallus, 1473-1475.
Scappi B., *Opera of Bartolomeo Scappi*. Venice: Michele Tramezzino, 1570.
Stefani B., *L'arte di ben cucinare*. Mantua: Osanna, Stampatori Ducali, 1662.
Targioni Tozzetti O., *Istituzioni botaniche del dottore Ottaviano Targioni Tozzetti*. Florence: Stamperia Reale, 1802.
Teti V., *Il pane, la beffa e la festa: cultura alimentare e ideologia dell'alimentazione nelle classi subalterne*. Rimini-Florence: Guaraldi, 1976.
Teti V., *Il colore del cibo: geografia, mito e realtà dell'alimentazione mediterranea*. Rome: Meltemi, 1999.